"十二五"国家科技支撑计划"支撑认证认可的评价分析、检测验证与有效性保障技术研究与示范"项目(2012BAK26B00)系列成果

物联网智能家居平台 DIY

——Arduino+物联网云平台+手机+微信

温江涛　张　煜　编著

科学出版社

北　京

内 容 简 介

本书给出了完整的物联网智能家居生态链的开发过程，用原理讲解配合实例演示的方式带领读者从最底层的传感器硬件、中间层的物联网云平台、应用硬件层的手机一直到应用软件层的微信应用进行设计，最终完成一整套物联网智能家居系统。内容的安排从易到难，从硬件到软件，精心编排，符合用户的阅读习惯和项目逻辑。每个环节都配有大量经作者实测通过的实例和源代码，方便读者上手。

本书适合普通高等院校物联网及相关专业的学生阅读，也可作为物联网领域从业人员和电子制作爱好者制作整套物联网项目的快速指导手册。

图书在版编目(CIP)数据

物联网智能家居平台 DIY：Arduino+物联网云平台+手机+微信/温江涛，张煜编著．—北京：科学出版社，2014.10

ISBN 978-7-03-042219-4

Ⅰ．①物…　Ⅱ．①温…　②张…　Ⅲ．①互联网络—应用②智能技术—应用　Ⅳ．①TP393.4②TP18

中国版本图书馆 CIP 数据核字(2014)第 243791 号

责任编辑：任　静／责任校对：桂伟利
责任印制：徐晓晨／封面设计：迷底书装

科学出版社出版
北京东黄城根北街 16 号
邮政编码：100717
http://www.sciencep.com
北京京华虎彩印刷有限公司 印刷
科学出版社发行　各地新华书店经销
*
2014 年 10 月第　一　版　开本：720×1000 B5
2018 年 1 月第六次印刷　印张：10
字数：194 000

定价：47.00 元

（如有印装质量问题，我社负责调换）

前　　言

物联网用通俗的语言来表达就是让物品像人一样上网，继而可以与人通过网络交换信息，预先告知人某些信息并按照人的要求完成某些任务。就像在一些科幻电影中，设备可以智能地感知人的想法和状态并进行配合，人也可以随时通过交互设备得到所有设备的状态并加以控制。

但实际上电子监控不是什么新鲜事，早在20世纪90年代，自动化程度比较高的生产车间中就已大规模使用成套的工业控制设备。操作人员可以通过控制面板随时查看设备的信息并进行操作，而且许多设备已经连接到了局域网，管理人员可以通过Web前端查看设备信息。这类系统可以看做物联网的局部原型。但是，这种大规模的工业控制系统成本非常高，动辄几百万甚至上千万，普通的爱好者和个人用户，只能望洋兴叹。然而，近年来硬件产业的飞速发展，使原本昂贵的单片机、芯片和运算单元等设备的成本急剧下降，加上开源硬件中间件的飞速发展，物联网逐渐走进普通用户的视野，甚至只需要不到100元人民币就可以搭建一个简单的环境监测系统。这让广大的物联网和电子设计爱好者重新燃起了对物联网的热情。本书为物联网专业的学生、从业人员和爱好者提供参考，介绍该领域国内外的研究现状和最新的产品情况，并附带大量的实例以供参考。

本书的目的是手把手地指导零基础的读者，从硬件到云平台，再到软件，完整地搭建出一个属于自己的物联网智能家居系统的原型，并且在这个过程中完全掌握所有的相关技术，为以后按照自己的想法和实际需要真正打造出个性化的智能家居平台奠定基础。

本书的第1篇是物联网与智能家居基础，针对物联网专业的初学者，介绍物联网的概念、物联网领域的内容和类别，以及一些初学者容易混淆的问题，同时详细介绍作为物联网重要应用领域的智能家居的概念，并提出一个完整的智能家居技术架构，为之后的章节打下理论基础。

第2篇是硬件Arduino，专门针对智能家居系统的硬件部分进行详细介绍，帮助读者了解传感器是如何采集环境信息并上传到硬件中间件Arduino的，这部分还会有大量的实例讲解Arduino的基本组建和编程方式。

第3篇是物联网云服务器Xively，着重讲解物联网云平台Xively的使用方法，从逻辑上帮助读者理顺从硬件采集上来的数据的管理、存储和分发的过程。详细介绍Xivley所有应用程序接口(application program interface，API)的使用方法，并指导用户管理和发布自己的云平台。还介绍了网络应用 Zapier 的使用，实现了设备主动反馈给用户信息的功能，从而使信息的流动形成一个完整的闭环。

第 4 篇是移动平台+社交平台——微信，详细介绍开发者如何将传感器数据展现在微信的公众平台上，完成传感器数据的应用层展示，这个步骤对于没有移动设备开发经验的用户也可轻松掌握，这样就完成了物联网与社交网络的融合。

本书是“十二五”国家科技支撑计划“支撑认证认可的评价分析、检测验证与有效性保障技术研究与示范”项目(2012BAK26B00)“海上风电和物联网与智能电网评价技术研究与示范”系列成果，撰写的单位包括清华大学物联网研究中心和中国质量认证中心。

本书介绍的硬件、工具和方法基本上都是开源的或是开放性很好，读者在掌握这些工具后，发挥自己的想象力，一定可以开发出性能非常出色的物联网智能家居平台。有兴趣的读者可以发送邮件到 yuzhangiot@gmail.com 与作者联系，或者关注“清华物联网研究实验平台”的微信公众号。

由于物联网技术日新月异，作者的学识水平有限，加上时间仓促，书中不足之处在所难免，欢迎读者提出宝贵意见。

目　　录

第 4 篇 移动平台+社交平台——微信

第 1 篇

物联网与智能家居基础

第1章

概　　述

本章主要介绍如下内容：物联网的概念；物联网和因特网的区别；物联网的作用；物联网的主要内容；智能家居的概念；智能家居的主要内容；智能家居的作用；智能家居和物联网的关系。

本章重点

• 物联网的概念和框架
• 智能家居的技术框架

1.1　认识物联网

物联网正在成为继互联网革命后的新一代信息技术的创新革命。互联网将各种终端(包括 PC、智能手机、平板电脑和服务器集群等)连接起来，实现互通互连、资源共享。而物联网则将互通互连的概念从计算机扩展到生活工作中的各种物品，小到台灯，大到汽车，通过射频识别(radio frequency identification，RFID)标签、传感器、执行器和智能设备等接入网络中，每个物品有自身唯一的标识，人们可以实时地掌握这些物品的状态，并在必要的时候对它们进行控制；同时，在满足一定的条件时，这些物品还会给人们推送消息甚至预警。因此，物联网的实质是互联网的延伸，即终端在原有用户、计算机、智能设备、服务器集群的基础上又加入了智能物品。从工业界的角度来说，物联网革命是互联网技术与机械产业结合的创新革命，所以也有人将物联网称为“industrial Internet”，即工业互联网。除了工业界，物联网与其他各种传统产业都有很大的交集。它是涵盖单片机、传感器、通信技术、云存储技术、数据可视化和数据挖掘等一系列的学科，在物流与仓储、健康与医疗、智能环境、社交等产业都有广泛的应用[1]。

物联网的概念其实最早是由比尔·盖茨在 1995 年的著作《未来之路》中提出的，书中写到，当你走进机场大门时，你的袖珍 PC 与机场的计算机相连就会证实你已经买了机票。开门也不需要钥匙或磁卡，你的袖珍 PC 会向控制锁的计算机证实你的身份[2]。但是由于当时无论硬件、软件还是人们的认知程度都不成熟，所以没有引起太大的反响。1999 年，麻省理工学院的 Auto-ID 实验室也提及了物联网的概念[3]，他们将 RFID 设备装备到周围的物品上，对其进行识别，确定位置并统一管理。物联网概念的正式提出是在 2005 年突尼斯举行的信息社会世界峰会（World Summit on the Information Society，WSIS）上，国际电信联盟（International Telecommunication Union，ITU）发布的《ITU 互联网报告 2005：物联网》，正式提出了物联网的概念。会议提出，无所不在的物联网通信时代即将来临，世界上所有的物体都可以通过互联网主动进行信息交换[4]。2009 年，奥巴马就任美国总统，召集美国工商业领袖举行"圆桌会议"，在会议上，IBM 首席执行官 Samuel J.Palmisano 提出了"智慧地球"的概念，主张美国政府投资建设智能基础设施。在我国，2010 年温家宝在政府工作报告中提出，"加快物联网的研发应用，加大对战略性新兴产业的投入和战略支持"[5]，首次明确了将物联网作为国家经济发展的战略支柱之一。

物联网最常见的体系结构划分方法是将整体架构分为三层，即感知层、网络层和应用层[6]，下面对这个体系结构的各个部分进行简要介绍。

1.1.1 感知层

感知层是物联网的最底层，它的主要作用有两方面：一方面通过传感器采集环境信息；另一方面操作执行器与环境进行互动。有人将感知层称为硬件层，这是不准确的，因为在地域较大时，大量的传感器设备需要通过无线传感器进行网络连接，通过一定的协议相互传输数据，实现资源共享。因此，硬件层不仅包括硬件，还包括它们之间的通信设备和协议。

感知层主要通过传感器实现环境信息的采集。传感器又分为识别设备和信息获取设备。常见的识别设备有 RFID 设备和近距离无线通信（near field communication，NFC）设备，人们日常生活中使用的门禁卡和物流使用的集装箱识别设备使用的正是这些技术；信息获取设备包括温湿度传感器、烟雾传感器、陀螺仪和磁力传感器等，信息获取设备的应用范围更加广泛，从环境监测领域到汽车工业领域都有着广泛的应用。

感知层与环境主要依靠执行器实现互动。执行器是根据用户或其他机器的指令与环境或人进行互动的设备。小到实验室使用的 LED 指示灯、电机等，大到工业使用的自动化机械设备都是执行器的典型应用。

感知层中硬件的通信协议一般包括蓝牙、ZigBee 和 Z-Wave 等，它们都是典型的短距离通信协议。具体的内容会在第 3 章中详细介绍。

传感器和执行器的种类非常多，需要考虑在开发应用的时候如何统一数据格式并统一输出的问题，这就涉及硬件中间件，所以硬件中间件也属于感知层的范畴。关于硬件中间件的使用会在本书的第 2 章和第 3 章详细讲解。

1.1.2 网络层

网络层的主要任务是传感器和数据的存储和管理。这其实对网络层提出了很高的要求，不仅要求满足普通的数据 I/O、存储和管理需要，还要求起到软件中间件的作用，即对下层感知层不同类别的传感器数据统一管理，对上层应用层提供统一调用的接口。

在数据的存储管理方面，感知层的每个传感器每时每刻都在采集数据，特别是在环境监测的应用中，一小片区域的环境监测可能会用到上千个传感器，因此网络服务器必须可以容纳海量数据，并以合理的规则存储以保证高效的数据索引和调用。

在面对感知层时，网络层起到了软件中间件的作用。网络层需要提供统一的网络接口与感知层的传感器互相通信，这样就可以屏蔽各传感器由于厂商不同导致的硬件差异化，从而统一接口和数据格式标准，使设备制造商和系统集成商之间可以很容易地共同使用一个标准化的平台，而不必面临硬件差异的风险，这对于系统构建成本和可重复使用具有很大优势。

在面对应用层时，网络层起到了统一数据调用接口的作用。网络层数据的管理实质上是通过为应用层提供一个标准、统一的数据接口，让物联网应用程序更易识别并方便地对标准化数据进行调用，对传感器进行命令发布。这极大地简化了各物联网应用层开发用户的开发难度，只需开发一套标准化的数据接入模块就可调用感知层输出的各种数据，而不需要考虑硬件的情况。

1.1.3 应用层

虽然网络层中存储着从感知层收集到的海量数据，但是各种关键要素埋藏在大量的数据中，而应用层可以对数据进行分类和整理，并根据用户的不同需求，将数据分类别、直接或间接地展现给用户。例如，在环境监测应用中，可以从传感器直接获得 PM2.5 值和风力风向数据，还能间接地使用这些数据结合数学模型推测未来一段时间的 PM2.5 值。

应用层作为与用户直接交互的接口层，是整个物联网体系中至关重要的一层。因为用户不关心底层是如何实现的，所有的信息都是通过应用层展示给用户的，而用户的各种反馈也是通过应用层告诉系统的。所以从用户的角度来看，物联网与各行各业的交集全部体现在这一层。例如，智能物流的用户会通过应用层使用物流方面的物联网功能和数据，智能家居的用户会通过应用层使用智能家电方面的功能和数据。

1.2 智能家居的概念

物联网作为一次产业革命，涉及各行各业，其中最贴近人们生活的是智能家居领域。智能家居领域的应用受到人们极大的关注，从而取得了飞速的发展。智能家居以住宅为平台，使用硬件结合软件的方式，以云平台为数据存储和交换媒介，综合利用网络通信技术、安全防范技术、自动控制技术、音视频技术将家居生活有关的设施集成，构建高效的住宅设施与家庭日程事务的管理系统。它可以为用户提供住宅的全面监控信息，同时用户可以通过自然的交互方式对住宅进行控制，从而提升家居的安全性、便利性、舒适性、艺术性，并实现环保节能的居住环境。

上述复杂的智能家居概念其实可以归结为两方面：一方面是让房屋告诉用户它的状态；另一方面是允许用户用近乎自然的方式告诉房屋该怎么做。房屋的状态包括住宅内的自然环境状态、电器的运行状态、监控设备反馈的信息、开关和门的状态等，这些信息不仅方便用户调用时查看(拉信息)，在某些条件下还要主动告知用户(推信息)，如门被打开、室温异常、浴室漏水和电冰箱不工作等。再进一步，在大数据和数据挖掘盛行的背景下，房屋不仅需要为用户提供以上这些直观的信息，还需要对原始数据进行分析和挖掘，得出一些规律信息供用户使用。例如，房屋通过分析用户的生活习惯来调节空调的工作时段和温度，以达到在用户舒适的前提下最大可能地省电。用户告诉房屋做什么并不等同于早期的工业控制，用户可以控制电视、电冰箱和洗衣机，也可以通过门禁系统控制单元门的磁铁锁，甚至可以用手机控制电器。众所周知，这些电器都有各自的一套控制软硬件，使用很不方便，更谈不上舒适和智能了，现在的手机 APP 控制电器也只不过是将红外遥控器变成使用互联网的手机而已。所以它们都不是真正意义上的智能控制。真正的智能控制应该是一种自然交互的、整合的和基于用户习惯的控制方式。用户通过说话、短信或简单的触摸操作即可实现与房屋的交互，即把房屋作为一个“拟人”去沟通而不是一个物件，例如，用户只需要告诉房屋收拾一下，房屋会自动调用扫地机器人、空气净化器等收拾房间，而这一切对用户是透明的。

目前，国内有多家公司在微信公众平台上推出了自己的物联网产品。微信智能家居，通俗地说，是融合传感器、执行器、报警装置、云平台和无线网络通信技术于一体，通过微信公众平台进行网络化控制居住环境的新型智能家居系统。例如，广州某家公司推出的微信智能家居套装，主要功能分为三类，第一类包括无线红外感应器、无线门窗磁感应器、无线遥控器、无线警铃和 WiFi 摄像头，用来布防阳台、大门或窗户，用于非法入侵的检测；第二类是无线智能插座，用于远程控制开关，常用于家里的灯具、热水器、空调等需要开关的设备；第三类包括中控网关，它是整套智能家居系统的控制中心，负责前端设备管理，设备接上网线连接互联网就可以通过微信远程控制所有的智能家居，而所有的设备状态都会通过微信告知用户，同时用户也可以输入指令控制这些智能设备。

最近还有一个比较热门的智能家居交互手段，即使用增强现实技术控制智能家居。增强现实技术是在虚拟现实基础上发展起来的新技术，是通过计算机系统提供的信息与用户对现实世界感知相叠加的技术，即将计算机生成的虚拟物体、场景或系统提示信息叠加到真实场景中，从而实现对现实的“增强”。同时，由于用于与真实世界的联系并未被切断，交互方式也就显得更加自然。用户可以在智能设备上放置识别标志，可以是 RFID 标签、二维码或是一副复杂的图片(避免重复)，手机或计算机识别到这些标识后，后台便会匹配标识对应的智能设备，之后用户就可以对设备进行控制，增强现实技术还可以在真实的影像上叠加一个虚拟的控制面板，从而允许用户执行一些复杂的操作。Google Glass 的成熟也会快速推动这一趋势的发展。

1.3　智能家居的技术架构

智能家居作为物联网的一个应用，技术架构是以物联网的三层结构为基础的。如图 1.1 所示。

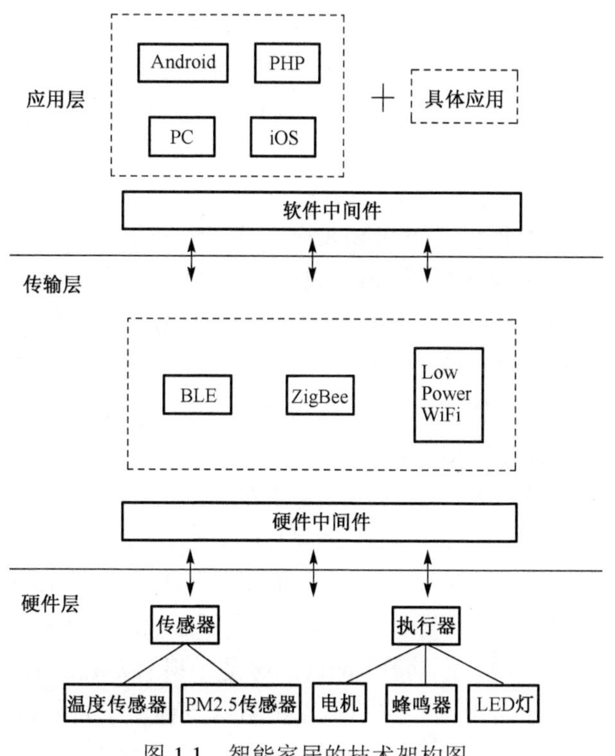

图 1.1　智能家居的技术架构图

智能家居感知层又分为硬件层和硬件中间件层。硬件层分为两类硬件，一类是传感器，收集包括温度、湿度、PM2.5 和红外等信息；另一类是执行器，电机、蜂鸣器、LED 灯和电磁锁等都属于这类设备。但是所有这些硬件设备都需要一个统一的接口与上层交换数据，担任这个任务的就是硬件中间件层。当今知名度最高的硬件中间件就是 Arduino 了，它是一个开放源代码的单芯片微型电子计算机，它使用了 Atmel AVR 单片机，采用了基于开放源代码的软硬件平台，构建于开放源代码 Simple I/O 接口板上，并且具有类似 Java、C 语言的 Processing/Wiring 开发环境。它最大的优点是开源较早且简单易用，而且 Arduino 除了具有数字接口和模拟接口，还具有常见的串行通信接口(SCI)，如 UART、I2C、SPI 等，所以它可以连接市场上几乎所有的标准传感器和执行器。Arduino 的另一大优点就是编程非常简单，使用免费的 ArduinoIDE，只需要几行简单的代码即可实现一些复杂的功能。现在厂商使用 Arduino 的方法大多是依据官方电路图，简化 Arduino 模组，完成独立运作的微处理控制。

智能家居传输层的任务是实现硬件和后台以及硬件之间的通信。目前主流的通信方式有 BLE(Bluetooth Low Energy)、ZigBee 和 Low-Power WiFi。

BLE 也称为低功耗蓝牙，它的优点就是超低的功耗(集成微控制单元(micro controller unit，MCU)下还能保持 19～24mA)，集成 MCU 和 ADC，可以不需要外面再接一个 MCU，直接接到传感器上，由专有操作系统支持(OSAL)，方便进行开发；支持跳频技术，降低 2.4GHz 的 WiFi 的干扰；宽电压支持(2～3.6V)。但它的缺点是有操作系统，因此加大了学习难度；学习资料远不如 ZigBee 丰富；由于它依赖 IAR System 提供的闭源开发工具，因此对开源的 8051 编译器 SDCC 支持得有限；它的操作系统抽象层没有提供代码和 SDCC 支持；组网能力和当年的 Bluetooth 2.0 一样差，虽然有蓝牙自组织网络(Scatternet)，但是路由没有协议规范。

ZigBee 是现阶段市场实际应用最广的技术，但是标准不够规范，虽有多个协议(ZigBee 2006，ZigBee 2007)，但各个厂家之间实现得互不兼容。它的优点在于其强大的组网能力，ZigBee 有完善的组播、点对点、广播通信支持，又有路由功能，单个节点之间通信距离能达到 3000km，同时也有较低的功耗(休眠 0.4～4μA，发射 20～30mA)，还有丰富的技术资料与开发套件支持，宽电压支持(2～3.6V)；而它的缺点在于协议实现过于封闭，各个厂家之间互不兼容；开源协议栈基本无法使用；德州仪器(TI)官方不支持 SDCC，IAR System 提供的开发工具也不公开协议栈的代码；2.4GHz 不支持跳频技术，美国以外地区限定了 2.4GHz 的使用频率。

Low-Power WiFi 又称为低功耗 WiFi，这是个很有前途的技术，不过相比于 ZigBee 和 BLE，功耗还是偏高。它的优点是组网方便，支持标准协议开发；支持 UART 接口的，方便 MCU 进行数据传输。但缺点也很明显，即虽然称为低功耗，但只是相对于普通 WiFi 而言，通常情况下传输电流峰值可以达到 220mA；相关模块开发资料不够丰富，不适合业余软硬件开发者；组网依赖路由，因此无法在空旷的地方遥控机器人或者传感器。综合来说，ZigBee 作为传输协议比较成熟，但低功耗 WiFi 和 BLE 的发展空间和前景较好。

根据分层的理论，应用层以下各层应当是作为黑盒子存在的，只提供接口并告知数据类型。因此，软件中间件就担负着整合异构数据并为各种平台和各类应用提供统一的数据接口的任务。这里说的软件中间件一般是物联网云平台，这里以 Xively 为例，它的作用是向下接收传输层发送的数据，对数据进行分类整理并优化存储；对上提供不同的接口，不仅可以通过直接访问网站的方式查看，还可以通过调用平台接口将数据取出，在用户自己的程序中使用，不仅能在 PC 平台上调用，还能提供专门的接口允许 Android 和 iOS 平台上开发的应用直接从平台调用数据，甚至提供了 PHP 语言的接口，方便 MySQL、PostGIS 等数据库调用数据，方便专业用户的使用。

智能家居应用层是物联网与智能家居的深度融合，与实际需求结合实现家居智能化。应用层的软件应用一般使用一个 APP 与用户进行交互，允许用户通过 APP 界面查看智能电器的状态，并可以通过界面来操控这些智能电器，操控的方式包括触控、语音或信息等。应用层的硬件可以是一台 PC、一个智能手机、平板电脑或集成到房间中的服务器等。

整个架构的数据流向分为两个方向。正向是数据从硬件传感器收集数据到硬件中间件，上传到物联网云平台，再通过统一的接口提供给应用层展现给用户；反向是数据从用户下达命令，通过物联网云平台再发送给硬件中间件，最后到达执行器；以及数据满足某个预设条件主动向用户报警的机制，整个形成一个闭环。

后面将依次介绍整个物联网智能家居架构中各个部分的具体内容，并按照从基础到高级的顺序将数据闭环流动架构进行详细说明。

第 2 篇

硬件 Arduino

第 2 章

Arduino 基础

许多物联网或智能家居的初学者总是很好奇，不同厂商生产的各种传感器是如何统一数据接口的？其实答案很简单，不同类型的传感器只要按照国际统一标准设计和生产，就可以集成到一个标准的数据输出电路板上，这个板子需要具备数字接口、模拟接口或者串口等常见的接口，之后由一个支持这些接口的硬件中间件将数据统一收集起来并根据用户的需求进行下一步的动作。本章重点介绍硬件中间件。

本章重点

- 国际主流的硬件中间件
- 硬件中间件 Arduino 简介

2.1 物联网开源硬件

开源硬件指与自由和开放原始码软件相同方式设计的计算机和硬件。开放部分包括电路原理图、印制电路板(printed circuit board，PCB)图、固件源码、描述线路板(线路层、阻焊层、字符层等)图像和钻、铣数据的文档格式集合。由于开源硬件最大的好处是允许商业使用，所以增长非常迅猛。作为物联网硬件中间件的硬件非常多，而且大部分是开源的，少部分非开源的硬件基本上是在开源硬件的基础上改造后商业化的产物。

当今主流的硬件中间件包括一个中央处理器、一个数据存储单元、一系列标准的数据接口和无线通信模块。中央处理器负责整体流程的过程处理；数据存储单元用于暂存收集数据和长期存储用户烧录的程序；数据接口包括模拟口、数字口或串口等标准接口(具体要看该中间件的用途、体积等)，用来与传感器互连接收数据；无线通信模块的主要任务就是将采集到的数据发送出去。为了便于读者理解，下面介绍一些国际上优秀的开源硬件。

1) panStamps

panStamps 得名于它的大小仅相当于一枚邮票(stamp)，如图 2.1 所示，包含

ATmega328P MCU(8MHz)和 TI CC1101 的射频芯片各一块，可以将连接的传感器数据通过射频的方式发送出去，它的优点在于体积小，休眠时的耗电量也仅为 1μA，但它的缺点也十分明显，就是只能通过射频交换数据。

图 2.1 panStamps

2) Pinoccio

Pinoccio 诞生于国外众筹网站，如图 2.2 所示，标志是一个匹诺曹的头像，它包含一块 Atmel ATmega256RFR2 芯片，内置锂电池、板载温度传感器，可以通过 802.15.4 和 WiFi 进行通信，非常灵活；同时板载的锂电池和支持检测电池情况也给应用带来了更多的可能，使用它作为硬件中间件连接传感器最大的好处是用户不再需要考虑如何组建无线传感器网络(wireless sensor network，WSN)，不同的 Pinoccio 之间会自动通信、组网，并告知用户组网的结果。

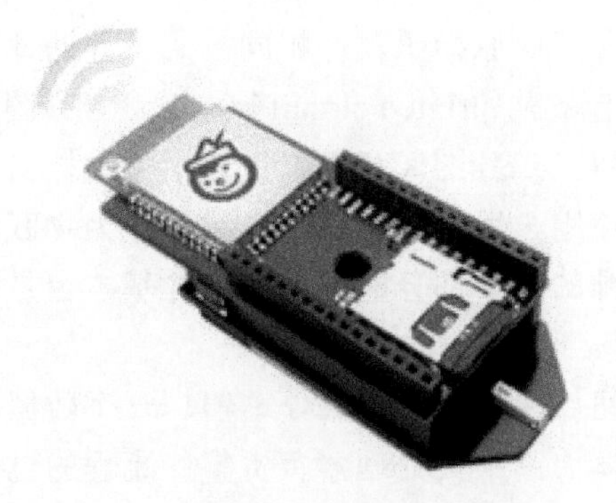

图 2.2 Pinoccio

3) mbed

mbed 是一款可用 C/C++编程的开源硬件，如图 2.3 所示，它的处理器是 32bit 的 ARM Cortex-M3，并板载以太网接口，优势是强大的硬件数据处理能力和使用编程人员熟悉的 C/C++语言(Arduino 使用的是类似 Java、C 语言的 Processing/Wiring 开发环境)。

图 2.3　mbed

4) Waspmote

Waspmote 是 Libelium 公司推出的一款类似 Arduino 的产品，如图 2.4 所示，不同的是 Waspmote 主要面向环境检测方面的应用，所以在耗电和管理方面进行了许多优化，如增加了待机时自动休眠功能、支持远程无线编程和低至 0.06μA 的耗电量，使 Waspmote 适合长期用于野外环境中。

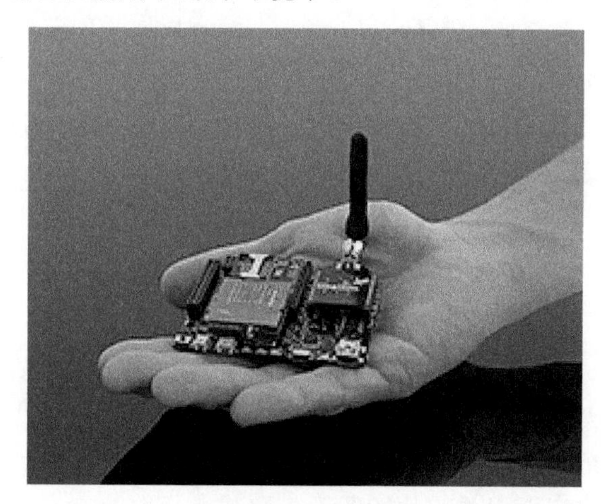

图 2.4　Waspmote

5) Electric Imp

Electric Imp 如图 2.5 所示，它的外形酷似 SD 卡(secure digital memory card)，功能相当于 Arduino 与 WiFi 模块的合体，可以让任何连接的硬件或传感器通过 WiFi“上网”。它分为两部分，一部分把设备相互连接起来(图 2.5 右边的设备)，另一部分则把设备连接到网上(图 2.5 左边的设备)。它可以知道如何访问用户的 WiFi，通过使用用户的账号，Electric Imp 可以接入任何设备，在接入设备后，这个设备就会询问服务器所需要的软件，然后就有来自云端的最新软件运行于设备中的虚拟机上。

图 2.5　Electric Imp

以上介绍了一些流行的物联网开源硬件，它们针对不同的用途都有各自相应的设计和特点，但是在整个物联网体系架构中，它们起到的作用是相同的。可能有些读者会发现 Arduino 系列没有在介绍之列，这是因为 Arduino 是目前最流行的开源硬件之一，其代表产品 Arduino UNO 集成了绝大部分国际标准的接口，对于初学者是最容易上手的，2.2 节将重点对 Arduino 进行介绍。

2.2　Arduino 简介

Arduino 是一系列开源硬件中间件的产品集合，正如 1.3 节所述，这些硬件都有丰富的接口，可以支持市面上的绝大部分传感器和执行器。而且它的编程方式也很简单，不需要懂复杂的汇编语言，了解硬件的底层代码，只需要使用类似 Java、C 语言的语言编写函数实现相关的功能即可。而写入函数的方式也很方便，只需要用一根 USB 线连接计算机，单击下载到硬件即可完成。

Arduino 作为开源硬件是允许第三方商业化的，但是需要遵守知识共享(Creative Commons，CC)协议(CC 是一个非营利组织，该组织鼓励创意作品的共享，并提供适当的法律保障)。

2.2.1　Arduino 的由来

意大利伊夫雷亚一家高科技设计学校的老师 Massimo Banzi，他的学生们经常抱怨找不到便宜好用的微控制器。2005 年冬天，Massimo Banzi 跟 David Cuartielles 决定设计自己的电路板，Banzi 的学生 David Mellis 为电路板设计编程语言。这块电路板被命名为 Arduino。几乎任何人，即使不懂计算机编程的人，也能用 Arduino

做出很酷的东西，如对感测器作出回应，闪烁灯光，还能控制马达。随后 Banzi，Cuartielles 和 Mellis 把设计图放到了互联网上，保持设计的开放源码理念，因为版权法可以监管开源软件，却很难用在硬件上，他们决定采用 CC 许可。CC 是为保护开放版权行为而出现的类似 GPL(General Public License)的一种许可。在 CC 许可下，任何人都可以生产电路板的复制品，还能重新设计，甚至销售原设计的复制品，不需要付版税，甚至不用取得 Arduino 团队的许可。然而，如果重新发布了引用设计，必须说明原始 Arduino 团队的贡献。如果调整或改动了电路板，最新设计必须使用相同或类似的 CC 许可，以保证新版本的 Arduino 电路板也会一样自由和开放。唯一保留的只有 Arduino 这个名字，它被注册成了商标。如果有人想用这个名字卖电路板，那他们必须付一点商标费用给 Arduino 的核心开发团队成员[7]。

2.2.2　Arduino 的优点

Arduino 作为开源传感器平台的始祖，有以下几大优点。

(1) 简易性。Arduino 最大的好处就是它上手非常容易，不仅适合电子专业的学生学习，而且适合非电子专业的爱好者，特别适合没有任何基础的新手进入电子设计领域。从硬件上来说，初学者只需要将杜邦线插入对应的接口即可，而软件方面也不需要太深的编程基础，使用者只需要了解 Java 或 C 语言中的任意一门就可以编写函数让 Arduino 完成一些动作，开发工具的操作界面也异常简单，只有检查代码、烧录到板子等数个按钮，而烧录程序则更加简单，用户只需要用一根 USB 线将 Arduino 和计算机连接起来，不需要手动安装驱动。唯一限制用户使用的其实是用户的想象力，即只有想不到而没有做不到。

(2) 开源性。Arduino 的硬件电路的软件开发环境是完全开源的，任何人都可以在互联网上找到全套的资料，在不从事商业活动的前提下，任何人都可以修改并重组它，这有利于用户更好地理解它的电路原理，从而设计出符合自身需求的产品。最常见的情况是实际应用时产品的体积较小，需要将 Arduino 改造以缩小尺寸，或将 Arduino 与用户产品中的其他电路模块整合到一起。

(3) 兼容性。作为一个传感器的硬件平台，Arduino 支持大部分国际标准的 I/O 接口，可以连接数个异构的传感器；作为一个主控制电路，它可以兼容并控制各种机器人的模块；这归功于它的软件和硬件的开放性以及友好的第三方库开发接口，许多第三方软件和硬件商都会发布 Arduino 的插件包，特别是一些硬件模块制造商开始重视 Arduino 社区，并为它生产了许多兼容的功能电路模块。

(4) 平台性。方便交流是 Arduino 的又一大好处，对于初学者，交流与实例展示是非常重要的，大量的用户同时使用这个平台，意味着网络上有大量的资料和论坛，这些对于初学者都是非常可贵的资源。例如，当一个用户遇到某个问题时，到相关论坛一搜索就会发现许多人都曾经遇到了该问题并得到了很好的解决，或者他将问题发到网上，有同样的开发环境的其他用户可以远程帮助该用户解决问题，这也是平台性的好处。

2.2.3 Arduino 的应用

(1) 智能家居。提到 Arduino 的应用，智能家居毫无疑问是排在首位的。作为传感器和执行器的统一接入平台，Arduino 不仅解决了不同厂商传感器的异构问题，而且降低了开发成本，增加了智能家居的可行性。Google I/O 在 2011 年发布了 Android Open Accessory API 和 Android Development Kit (ADK)，其中 Arduino 作为传感器接入终端的标准，而 Android 作为应用层的操作系统。现在已经可以看到许多 Arduino+Android 的智能家居组合，相信未来这一趋势会继续发展并不断壮大。

(2) 机器人。机器人需要用到大量的传感器和控制器，这就需要一块兼容性好且稳定的中控电路板，Arduino 自然是不二选择。它不仅提供了大量的硬件接口，还提供了开源的软件接口，方便第三方的开发和集成，例如，一些传感器、液晶显示器和通信模块都有专门针对 Arduino 开发的库函数和样例代码，使用非常方便，这大大加速了原型的开发速度，降低了开发成本。

(3) 环境监控。使用传感器对环境进行监控在环境监测领域已经有几十年的历史，但是传统的方法大多使用独立的监测站。监测站不仅需要独立供电，而且监控点位少、造价高，无法大面积布设，从而无法准确地对环境进行监控。但是，随着传感器的造价越来越低(一个温湿度传感器成本只有人民币 2 元左右)，传输协议也越来越省电，如 Bluetooth Low Energy 的芯片使用一颗纽扣电池可连续工作数年，应用平台也从专业的集群转移到了可移动设备(如手机、平板电脑等)，使用者也从专业机构扩展到了一般用户，因此，物联网在环境监测领域的应用前景广阔。

2.3 Arduino 工作环境

2.3.1 Arduino 硬件详细设计

Arduino UNO (见图 2.6) 是 Arduino USB 接口系列中一个稳定且功能齐全的版本，特别适合作为 Arduino 平台的参考标准模板。UNO 的处理器核心是 ATmega328，同时具有 14 路数字 I/O 口(其中 6 路可作为脉冲宽度调制(pulse width modulation, PWM) 输出)、6 路模拟输入、一个 16MHz 晶体振荡器、一个 USB 口、一个电源插座、一个 ICSP 接口和一个复位按钮。UNO 已经发布到第三版，与前两版相比有以下新的特点。

(1) 在 AREF 处增加了两个引脚 SDA 和 SCL，支持 I2C 接口。
(2) 增加 IOREF 和一个预留引脚，将来扩展板将兼容 5V 和 3.3V 核心板。
(3) 改进了复位电路设计。
(4) USB 接口芯片用 ATmega16U2 替代了 ATmega8U2。

图 2.6　Arduino UNO 控制板

其他概要特征如下。
(1) 处理器为 ATmega328。
(2) 工作电压为 5V。
(3) 输入电压(推荐)为 7～12V。
(4) 输入电压(范围)为 6～20V。
(5) 数字 I/O 脚为 14(其中 6 路作为 PWM 输出)。
(6) 模拟输入脚为 6。
(7) I/O 脚直流电流为 40mA。
(8) 3.3V 脚直流电流为 50mA。
(9) Flash Memory 为 32KB(ATmega328，其中 0.5KB 用于 BootLoader)。
(10) SRAM 为 2 KB(ATmega328)。
(11) EEPROM 为 1 KB(ATmega328)。
(12) 工作时钟为 16 MHz。
供电方式包括如下几种。
(1) 外部直流电源通过电源插座供电。
(2) 电池连接电源连接器的 GND 和 VIN 引脚。
(3) USB 接口直接供电。

2.3.2 Arduino 软件开发环境

Arduino 开发工具(又称为 Arduino IDE)，是一个用来编写 Arduino 程序的软件，当程序编写好后，就可以通过此软件上传到 Arduino 开发板中执行，使用的语言类似于 Java 和 C 语言。用户不需要明白底层的硬件架构和汇编语言，Arduino IDE 会自动将用户编写的代码转化为 C 语言，再通过 AVR-GCC 编译器将 C 语言编译成机器可以看懂的指令。而这些对于用户都是透明的，也就是说用户只需要专注于功能的设计与编写，剩下的工作都交给 Arduino IDE 即可。

Arduino IDE 的软件用户可以到 Arduino 的官方网站(http://www.arduino.cc)的下载页面下载最新的版本，推荐使用稳定版(但可能不是版本号最高的)，因为最新的版本会出现一些古怪的问题，对于新手是很大的障碍。例如，作者曾经遇到过一个 WiFi 信号接收不到的问题，所有代码和硬件连接都是正常的，后来发现是这个 Arduino IDE 版本中的 WiFi 库文件(library)不全导致的。所以推荐新手最好使用稳定版。

1. *Windows 用户安装*

对于 Windows 用户，下载完软件后进行例行的解压安装即可，需要提醒的是硬件驱动的安装。

将 Arduino UNO 和计算机用 USB 连接后，正常情况下会提示驱动安装，以下是在 Windows 7 上的截图说明，在 Windows XP 上安装道理和步骤相同。

(1)在设备管理器中找到未识别的设备，然后选择更新驱动程序软件(见图 2.7)。

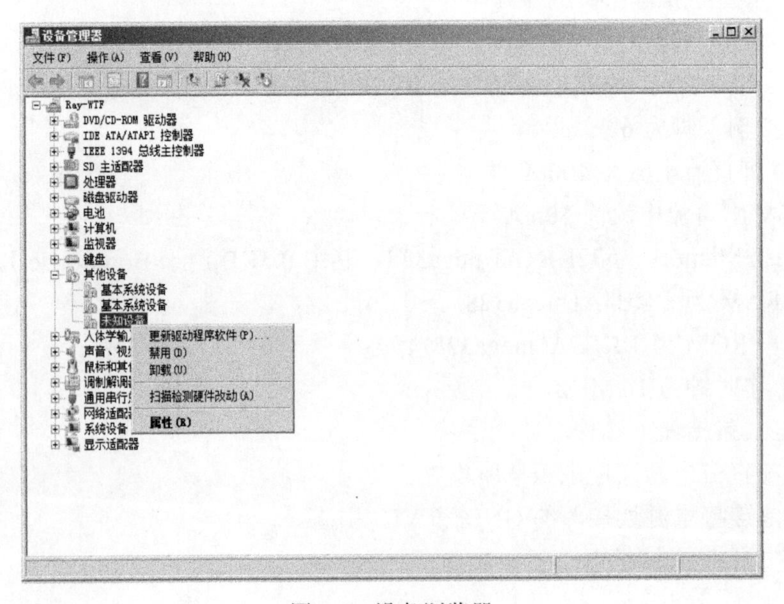

图 2.7　设备浏览器

(2)选择浏览查找驱动程序软件，如图 2.8 所示。

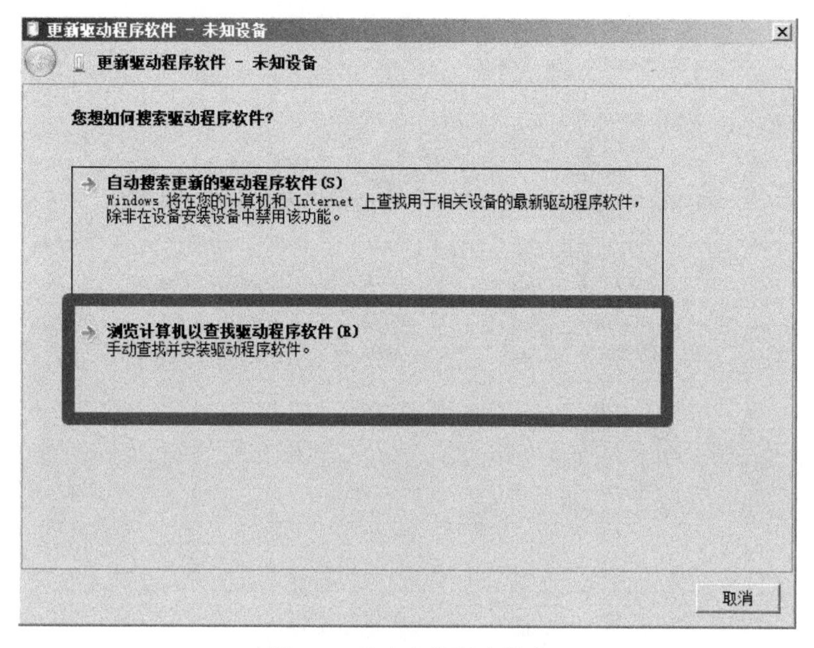

图 2.8　手动查找驱动程序

(3)浏览计算机上的驱动文件，找到 Arduino IDE 中的 drivers 文件夹，单击下一步，如图 2.9 所示。

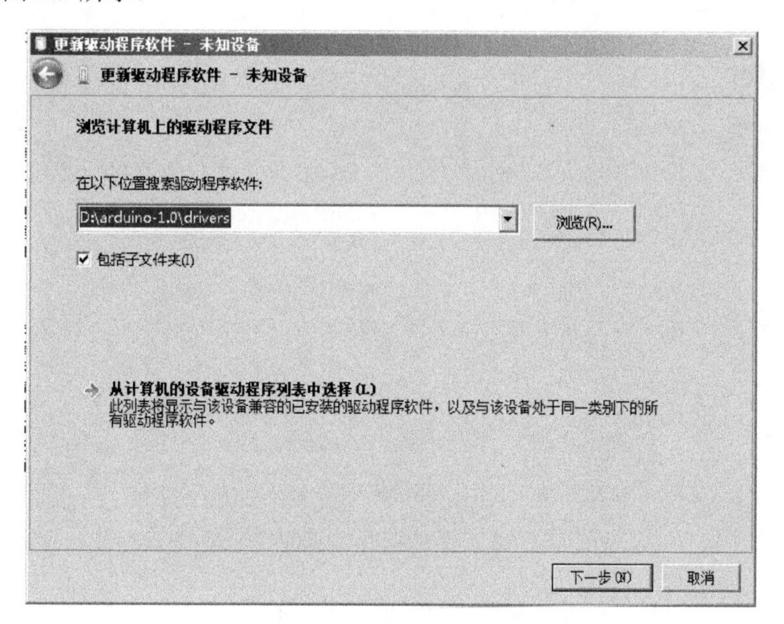

图 2.9　浏览驱动文件

(4) 等待至驱动安装完成，如图 2.10 和图 2.11 所示。

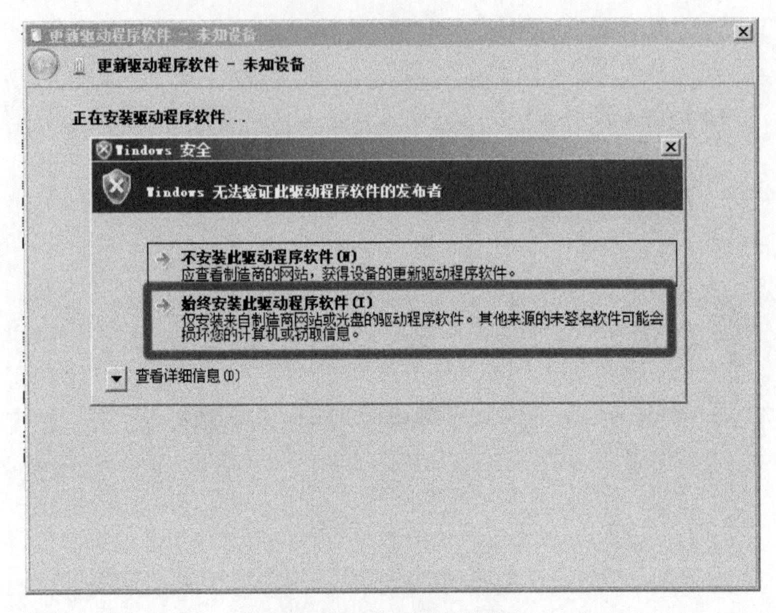

图 2.10　选择始终安装

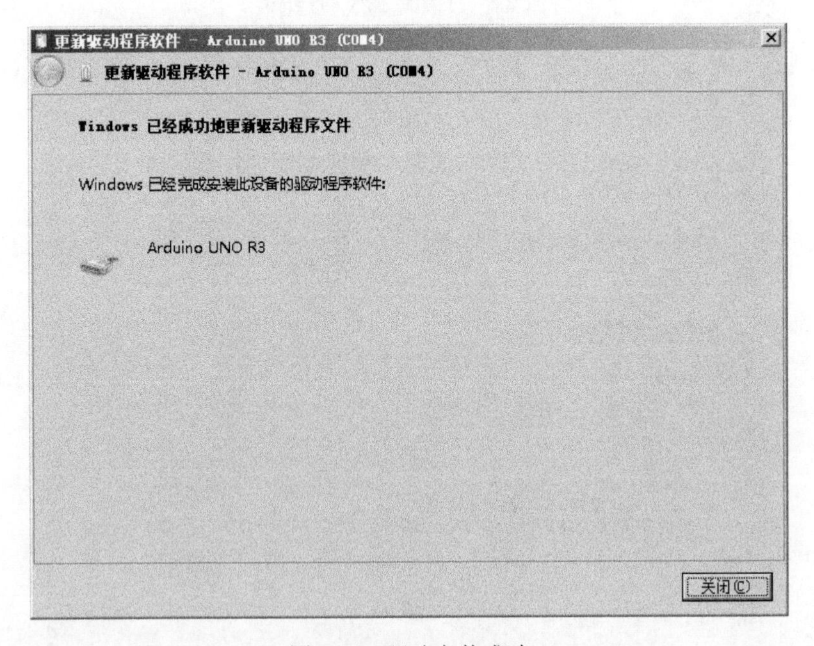

图 2.11　驱动安装成功

至此 Arduino UNO 在 Windows 上就可以使用了。

2. Linux 用户安装

在 Linux 的 Ubuntu 系统上安装更加简单，只需要在控制台输入几行简单的代码即可。

(1) 配置基本环境，安装 Java 环境和 AVR-GCC 编译器。

```
sudo apt-get install gcc-avr avr-libc
sudo apt-get install openjdk-7-jre
```

(2) 安装 Arduino。

```
sudo apt-get install arduino
```

之后就可以使用了，但是有一个需要注意的问题，大部分人在初次使用 Ubuntu 连接 Arduino 时都会遇见这个问题，那就是 Arduino IDE 的 Serial Port 无法选择(见图 2.12)。

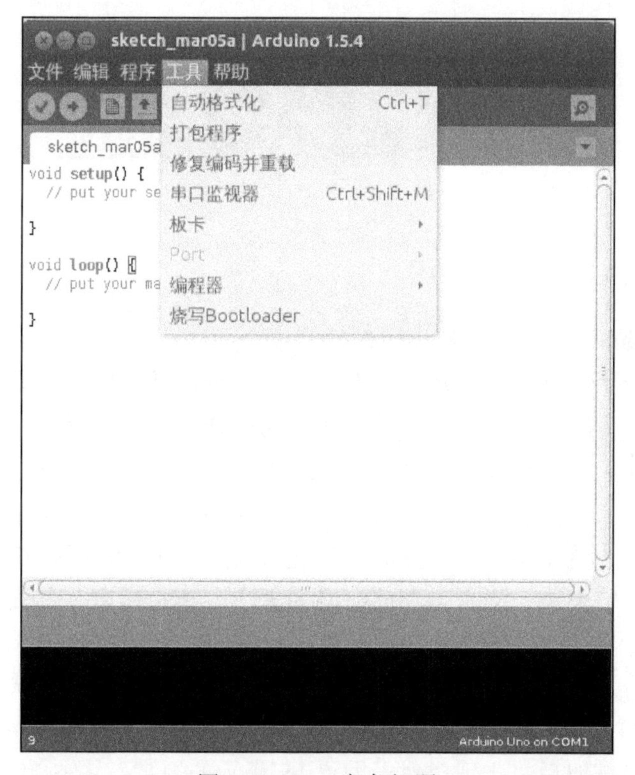

图 2.12　Port 灰色问题

这个问题是由于在 Ubuntu 下，预置安装了一个叫做 brltty 的程序与 Arduino 有冲突，卸载之后重新启动即可，命令如下：

```
sudo apt-get remove brltty
```

之后就可以正常使用了，如图 2.13 所示。

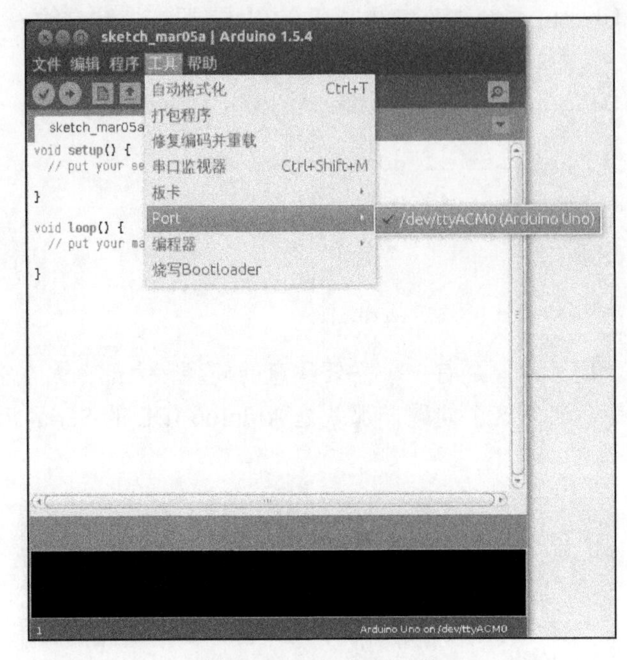

图 2.13　Port 恢复正常

2.3.3　Arduino IDE 界面介绍

本节对 Arduino IDE 的工作界面进行简单介绍。

如图 2.14 所示，Arduino IDE 界面分成三部分，最上面是工具栏，中间为代码编辑区域，底部为消息通知区。工具栏按钮功能依次为“编译”、“上传”、“新建程序”、“打开程序”、“保存程序”和“串口监视器”。编辑就是系统自动检查用户的程序是否合法，语法是否有误，但是如果用户程序的逻辑错误，这个步骤是没有办法检查出来的；上传就是将用户写好的程序烧录到板子上，前提是编译一定要通过，且代码的大小一定要小于板子上存储空间的大小。新建程序、打开程序和保存程序就是字面上的意思，这里就不介绍了。

串口监视器是调试工作时非常有用的工具。串口监视器显示从 Arduino 开发板(USB 口或串口)上输出的串口数据，也可以通过串口监视器向 Arduino 传送数据。单击串口监视器按钮后将出现类似于图 2.15 所示的窗口。图 2.15 所示就是串口监视器的界面。在右下方可以选择从 Arduino 发送或接收数据的波特率。波特率是每秒从 Arduino 开发板发送或接收状态(或比特数据)的变化率。默认的波特率是 9600，这意味着如果要通过串口连接线(此处指的是 USB 电缆)发送一个字符记录，那么每秒将发送记录中的1200个字母或符号(9600bit/8bit每字符=1200字节或字符)。在串口监视器窗口顶部是一个空的文本框，可单击“发送”按钮把其中的字符传送给Arduino。如果没有在代码中编写串口通信程序，串口监视器就不会接收串行数据。同样Arduino也不会接收任何串口发送的数据，除非已经在下载到Arduino的程序中编写了串口通信代码。最后，空白处是串行数据显示的地方。在程序中，Arduino通过串口(USB串口线)输出ASCII码字符到计算机，用串行监视器显示这些字符。如果已经精通通过串口从Arduino接收数据或发送数据的通信方法，可以用其他程序，如processing、Flash、MaxMSP等实现Arduino与计算机之间的通信。当用Arduino从传感器中读数据、通过串口把数据发送到计算机并需要以人能理解的形式显示时，就要用到串行监视器。

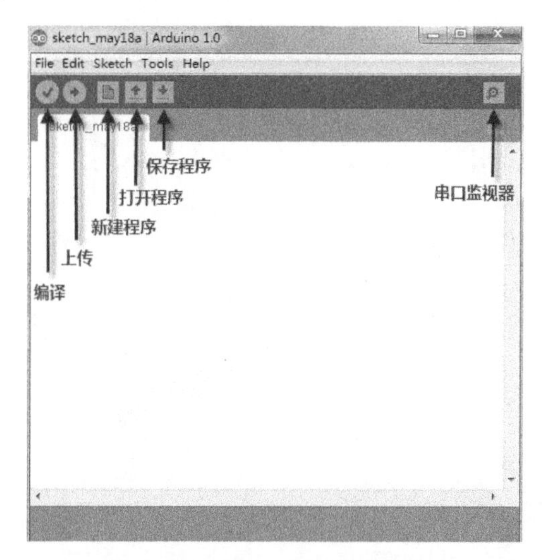

图2.14　Arduino IDE工作界面

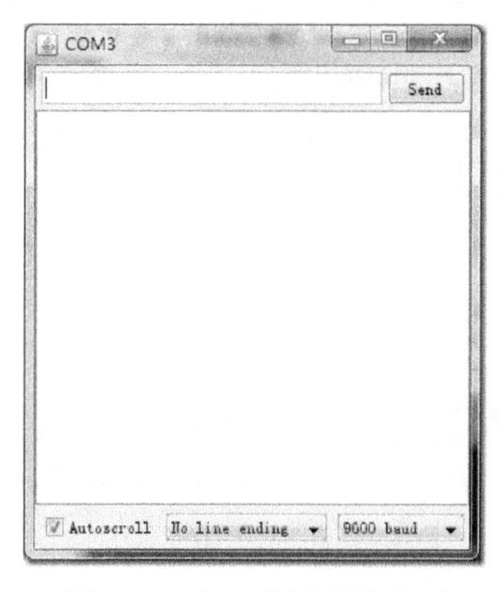

图2.15　串口监视器的界面

下面介绍菜单栏。如图 2.16 所示，需要说明的是 Examples，这里是一些现成的示例代码，涵盖了许多初学者的实验内容，有兴趣的读者可以参考；另一个是 Preferences，用户可以在这个选项中修改界面、偏好和菜单使用的语言等。

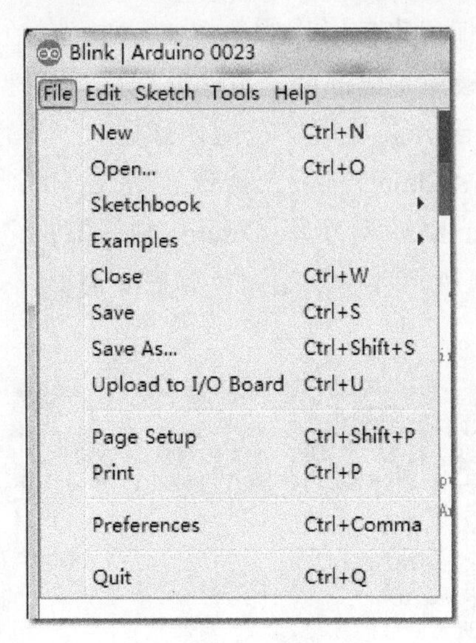

图 2.16　文件选项卡

编辑选项卡(见图 2.17)是一些常规功能，除了文本编辑相关的功能，还有一些添加/删除注释、缩进等功能。

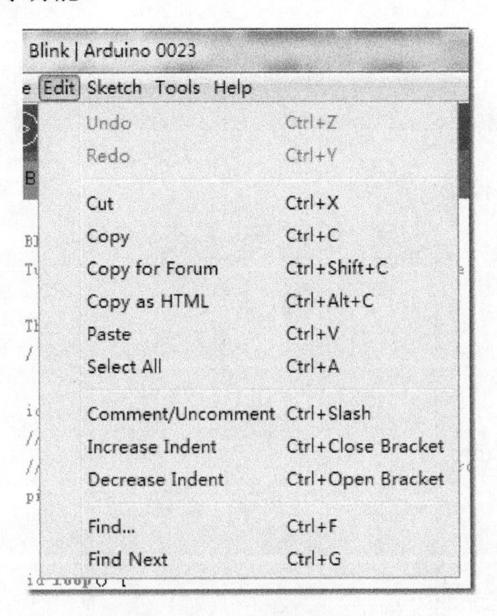

图 2.17　编辑选项卡

在 Arduino IDE 中，每个 Arduino 程序都称为 Sketch，它是一个可以上传到

Arduino Board 中的程序包。如图 2.18 所示，这个选项卡中有一些编译相关的功能，如验证、编译和终止编译，还可以导入包含代码包等。

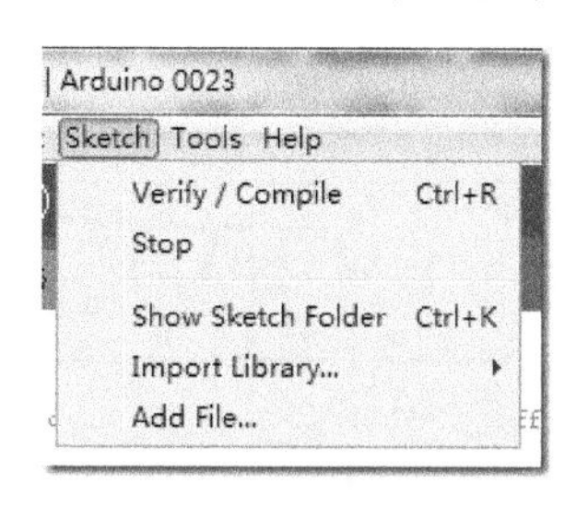

图 2.18　Sketch 选项卡

如图 2.19 所示，工具选项卡中都是一些比较实用的功能，如自动格式可以将格式混乱的代码整理好，在 Board 中，用户需要选择正确的板子，在 Serail Port 中需要选择正确的串口。

在一些软件中，帮助选项卡中是的实用信息很少，而在 Arduino IDE 中，帮助选项卡的作用是非常重要的。如图 2.20 所示，用户先选中一个不理解的函数名称，再选择 Find in Reference，系统就会自动弹出解释该函数的网页。

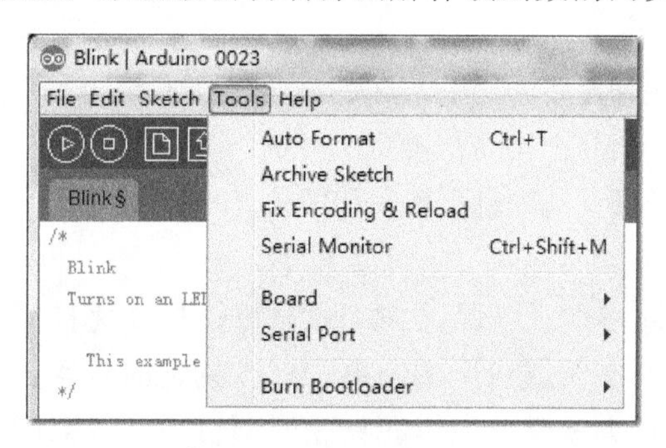

图 2.19　工具选项卡

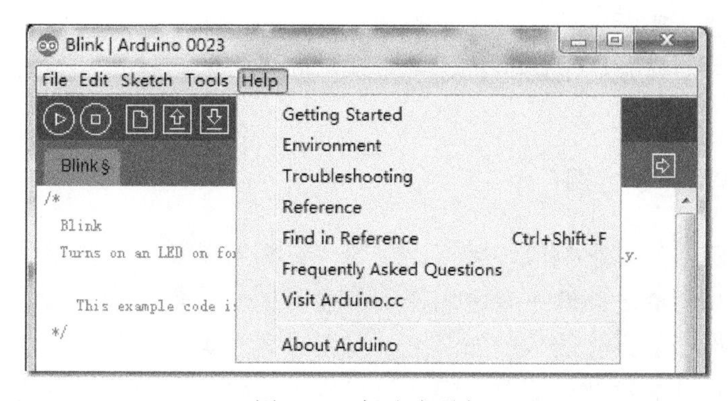

图 2.20　帮助选项卡

第3章
Arduino的应用方法

如果说 Arduino 是感应层的大脑，那么传感器就是它的眼睛、鼻子、耳朵和全身的神经系统，负责从外界收集各种信息并传送给大脑；而执行器则是它的手脚，用来主动地改变周围的环境。本章将详细地介绍如何连接 Arduino、传感器和执行器，了解如何使用不同类型的传感器和如何控制几种不同类型的执行器。

本章重点

- Arduino 读取传感器数据
- Arduino 操控执行器
- Arduino 的通信方式

3.1 Arduino 读取传感器数据

传感器不是最近才出现的产品，在工业领域、自动化控制领域和汽车领域，传感器早已广泛应用，但在大众应用市场中一直少见它的身影。最近传感器及其相关的应用被炒得很热并且大规模地应用在物联网项目中，其原因是传感器成本急剧下降，从原来的成百上千元降至现在的几元钱甚至几毛几分钱，体积也越来越小，这些都使得传感器与实际应用的距离越来越小。

本节将介绍如何使用 Arduino 连接几种不同类型的传感器，并从传感器中接收数据。

3.1.1 土壤湿度传感器

主流的传感器分为模拟口传感器、数字口传感器以及串口传感器等。模拟口传感器和数字口传感器之间的主要区别在于其输出的信号是连续的还是离散的：连续的信号可以模拟一些具体的数值如温度、湿度或风力等；离散的信号只有 0 和 1 两种状态，其特点是数据结构简单，但是只能模拟一些只有两种状态的对象，如电压高低、开关状态或红外是否阻断等。下面先对模拟传感器的连接和使用进行介绍。

模拟口传感器可以输入或接收模拟信号。模拟信号指幅度的取值是连续的(幅值可由无限个数值表示)。时间上连续的模拟信号可表示如连续变化的图像(电视、传真)信号等，图像类似于正弦曲线或余弦曲线，而不只是开或关两种状态的信号。典型的模拟传感器如烟雾传感器、温度传感器或土壤湿度传感器等，可以测量某个具体的数值。在本小节将通过一个实验详细介绍 Arduino UNO 如何测量一盆花的土壤湿度值。

1. 硬件设计和搭建

本小节实验的目的是连接土壤湿度传感器并读取数据，因此需要包含以下硬件。

(1) Arduino UNO 一块。

(2) Arduino 传感器扩展板一块。

(3) 土壤湿度传感器一块。

(4) 杜邦线数根。

这里先介绍土壤湿度传感器。图 3.1 是典型的模拟传感器的构造：接口一共有 3 个，分别是 S、+和-，一方面，传感器在采集到环境数据后，需要将这些数据通过 S 口输出；另一方面，传感器需要来自 Arduino UNO 的电力供应，即通过+和-两个口来供电。

图 3.1　土壤湿度传感器

可能读者对于 Arduino 传感器扩展板有些陌生，其实它的主要作用就是将 Arduino UNO 上的 GND 口、VCC 口和 5V 口扩展到每个数字口和模拟口以解决供电口不够用的问题，此外它还集成了 XBee 的蓝牙模块，这个会在后面的章节详细说明。

具体的连线如图 3.2 所示，Arduino UNO 的 A0～A5 接口是模拟信号口，所以杜邦线的一端连接 A2(任选一个)，另一端连接土壤湿度传感器的 S 端口，至此数据传输的桥梁已经搭建好。下面进行供电连接，将 A2 口同排的 GND(地线)口连接传感器的-端口，再将 5V 口同传感器的+端口连接。

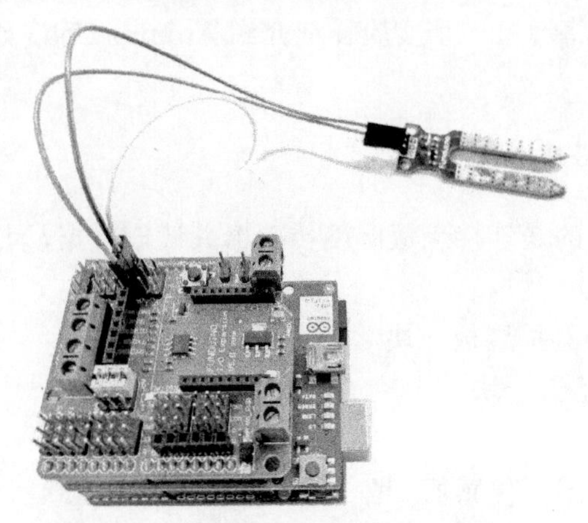

图 3.2 土壤湿度传感器连线示意图

2. 软件编程

硬件连接完成后，Arduino UNO 如何知道是读取数据还是发送数据，从哪个接口读取数据，读取的数据格式是怎样的，这些就需要通过软件编程来“告诉”硬件。下面先将代码完整地给出，之后再详细地解释每个步骤。

```
void setup()
{
   Serial.begin(9600);
}
void loop()
{
   int soil_moisture_value=analogRead(A2);
   Serial.println(soil_moisture_value);
}
```

在介绍代码前，先介绍几个固定的范式。setup 函数的作用是初始化硬件和设置各种参数，在 setup 函数中的程序只会在最开始的时候执行一次，而 loop 函数会在 setup 执行一次后反复执行。由于 Arduino 程序不允许几个函数同时执行，也没有退出循环或停止循环的功能，所以 Arduino 程序的开始和结束完全依靠开机和关机。

在 setup 函数中的 Serial.begin(speed) 函数的功能是设置串口的波特率。串口是 Arduino 上一种非常通用的设备通信的协议，它的概念非常简单，串口按位(bit)发送和接收字节。尽管比按字节(byte)的并行通信慢，但是串口可以在使用一根线发送数据的同时用另一根线接收数据。串口波特率一般取值为 300、1200、2400、4800、9600、14400、19200、28800、38400、57600、115200，通常电话线的波特率为 14400，28800 和 36600。本例中设定的是 9600，这意味着串口通信在数据线上的采样率为 9600Hz。串口的连接通信会在后面进行介绍，这里设置串口波特率主要是为了方便在软件的串口监视器中查看传感器采集到的数值。loop 函数中第一行函数获取 analogRead(pin)的返回值并赋给一个变量，这个函数的功能就是读取模拟口的输入值，pin 为模拟输入端口的编号，一般取 A0～A5。Serial.println(value)函数对于硬件的功能是没有什么影响的，只是方便在串口监视器中查看结果，它的功能是通过串口输出字符，value 可以是任意的数据类型，在本例中是传感器采集到的土壤湿度数据。

在代码编写完后，只需要依次编译、上传(见图 3.3)即可将程序烧录到硬件中。如果代码出现拼写等问题，Arduino IDE 会在编译后发现并给出相关提示，烧录需要注意的是新写的程序会完全覆盖原来硬件中的程序，而且硬件板载内存对于代码量是有要求的，不过 Arduino UNO 一般不存在这个问题，因为它使用的 Mega328 芯片有 32KB 的空间，可以满足一般要求，而且在烧录完成后软件会显示硬件的剩余空间。

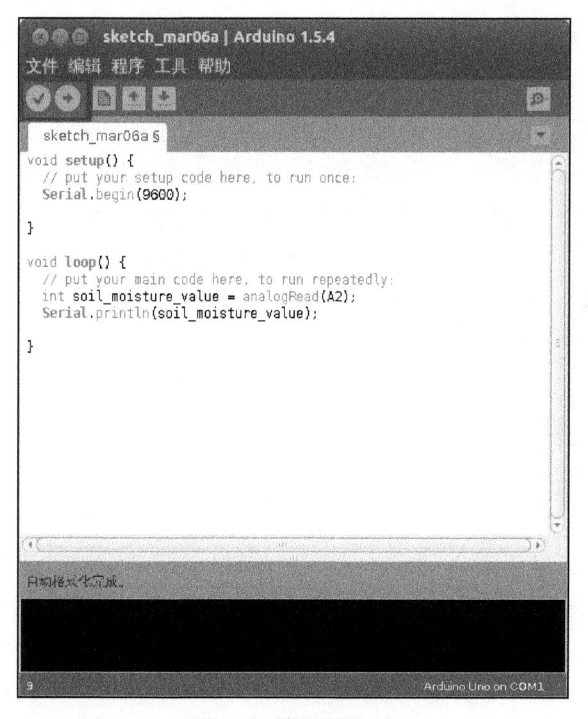

图 3.3　编译和烧录

然后给 Arduino UNO 通电，并打开串口监视器，将波特率调到 9600，就可以看到数据了(见图 3.4)。

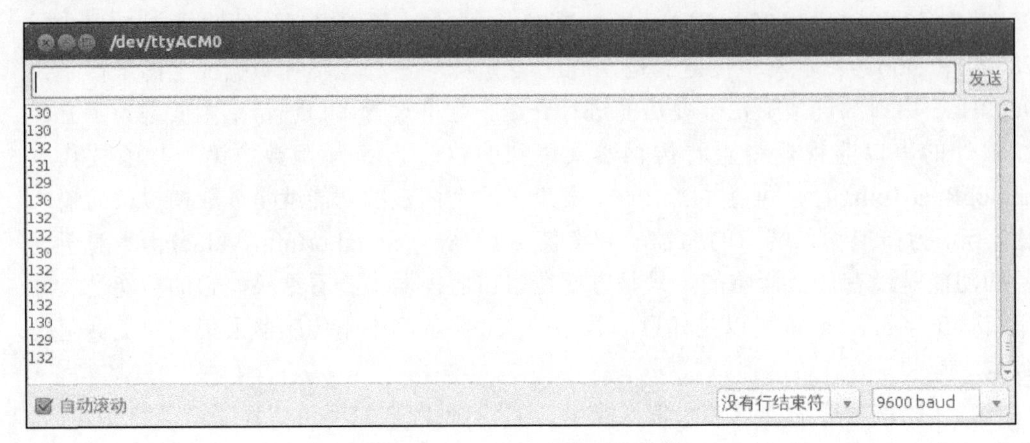

图 3.4　串口显示土壤湿度数据

3.1.2　光感器

1. 硬件设计和搭建

本节所用到的光感器代表了一类的数字传感器。这种传感器传回来的信号是数字信号，即变量是离散的信号。在计算机中，数字信号的大小常用有限位的二进制数表示，例如，字长为 2 位的二进制数可表示 4 种大小的数字信号，它们是 00、01、10 和 11。由于数字信号是用两种物理状态来表示 0 和 1 的，所以其抗干扰能力比模拟信号强很多；在现代的信号处理技术中，数字信号发挥着巨大的作用，几乎所有复杂的信号处理都要用到数字信号。具体到本例的光感器，传回的信号只有 0 和 1 两种，0 代表光线暗，1 代表光线强。

本节中，实验使用的硬件如下。

(1) Arduino UNO 板一块。

(2) Arduino 传感器扩展板一块。

(3) 数字光感器一个。

(4) 杜邦线数根。

光感器连接示意图如图 3.5 所示，与土壤湿度传感器类似，光感器的 GND 端和 VCC 端分别连接 Arduino UNO 的 GND 和 VCC 端口，而 OUT 端口即光感器的输出端口，连接 Arudino UNO 的 0～13 的数字端口中的一个，但是 0 和 1 数字端口一般当做串口使用，所以这里选择数字端口 8。

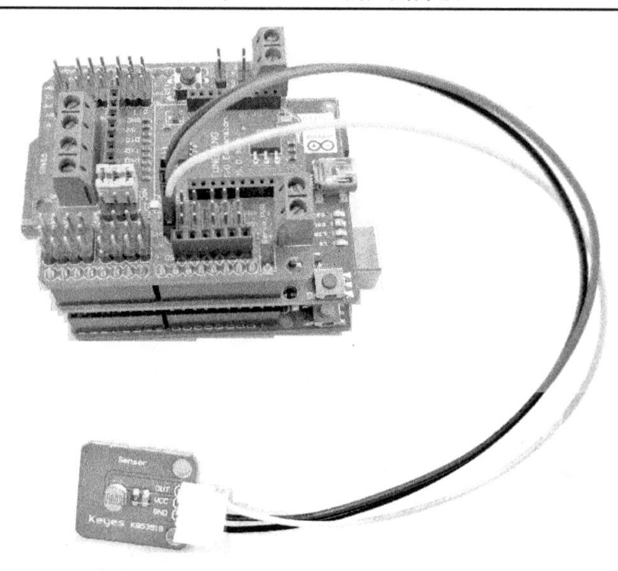

图 3.5　光感器连接示意图

2. 软件编程

下面先给出完整的代码，然后再进行详尽的解释。

```
void setup()
{
  Serial.begin(9600);
  pinMode(8，INPUT);
}
void loop()
{
  int lightStatus=digitalRead(8);
  Serial.println(lightStatus);
}
```

与图 3.1 类似，还是先设置串口的波特值，方便在串口监视器中查看，对功能本身没有什么影响。函数 pinMode(pin，mode)的主要功能是将指定的引脚 pin 设置为输入或输出，pin 就是需要设置的引脚号，如上例中的 D8 就是 Arudino UNO 上的数字端口 8，而 mode 可以设置为 INPUT(输入)或 OUTPUT(输出)，上例中需要读取光感器的感应值，所以设置 mode 为 OUTPUT。在 loop 函数中，首先通过 digitalRead(pin)函数读取光线传感器的数据到变量中，再使用 println 函数输出，以便在串口监视器中查看。图 3.6 即在串口监视器中看到的数据。

通过介绍典型的数字传感器和模拟传感器，对传感器输入有了一定的了解，下面再介绍一些典型的 Arduino 输出设备。

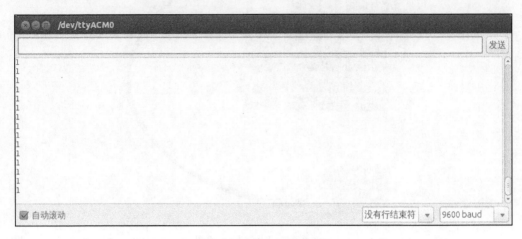

图 3.6　串口显示光感数据

3.2　Arduino 反控制外围设备

3.2.1　LED 灯

1. 硬件设计和搭建

发光二极管(light emitting diode，LED)小灯实验是比较基础的实验之一，通过这个实验来说明 Arduino UNO 的输出功能，在这个实验中，要实现 LED 小灯闪烁的效果，点亮 1s、熄灭 1s。

需要用到的实验材料如下。

(1) Arduino UNO 板一块。

(2) Arduino 传感器扩展板一块。

(3) 高亮 LED 发光模块一个。

(4) 杜邦线数根。

按照图 3.7 连接好电路，与传感器类似，LED 灯的供电也来自 Arduino UNO，所以 LED 灯与 Arduino UNO 的 VCC 口和 GND 口对应连接，in 口与 Arduino UNO 中的任意数字端口连接，本实验使用数字端口 10。

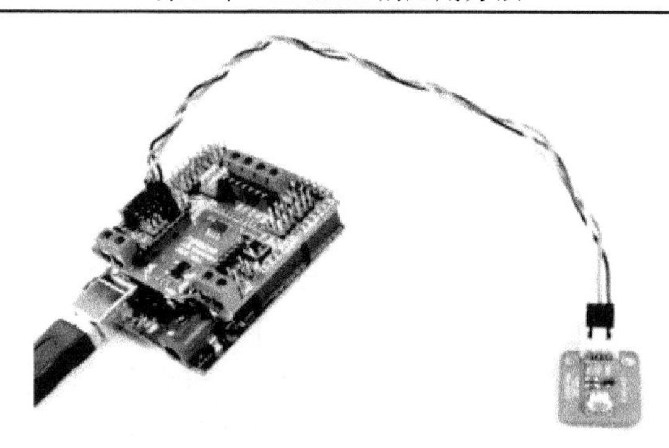

图3.7 LED灯连接图

2. 软件编程

LED灯闪烁的完整代码如下。

```
int ledPin=10;
void setup()
{
  pinMode(ledPin, OUTPUT);

}
void loop()
{
  digitalWrite(ledPin, HIGH);
  delay(1000);
  digitalWrite(ledPin, LOW);
  delay(1000);
}
```

由于是输出实验，所以可以直接观测到运行结果，不需要在串口监视器中观察结果，也就不需要设置串口的波特率。在整个程序前，先定义了LED灯的输出口10，然后在setup函数中设置该口为OUTPUT，这样就可以给LED灯传输信号了。接着在loop函数中，使用函数digitalWrite(pin，value)来点亮LED灯，这个函数的作用是可以控制端口输出高电平或低电平，pin即需要修改设置的引脚号，value就是输出的电平，可以是高电平(HIGH)或低电平(LOW)，所有引脚默认为低电平，所以本实验先将10号数字端口设置为高电平来点亮LED灯。接着使用函数delay(time)来延时一段时间，由于loop函数是无限循环的，所以可以使用delay函数来“等一段时间”，time的单位是ms，所以1000为1s，即1s后执行digitalWrite(ledPin，LOW)来将10号数字口的输出电平改为LOW，熄灭LED灯，然后再等1s从loop函数的顶端重新循环，最后的效果就是LED灯亮1s灭1s。

3.2.2 继电器

1. 硬件设计和搭建

从 LED 小灯实验知道 Arduino UNO 是可以控制 LED 灯的，如果想控制真正的灯这种方法是行不通的，因为普通台灯的输入电压为 220V，而 Arduino UNO 最大只能供 5V 的电压，况且高电平与低电平是无法控制电灯的状态的，所以这里需要引入一种新的电器控制元件——继电器。

继电器(见图 3.8)是一种电子控制器件，它具有控制系统(又称为输入回路)和被控制系统(又称为输出回路)，通常应用于自动控制电路中，它实际上是用较小的电流控制较大电流的一种自动开关。所以在电路中起着自动调节、安全保护、转换电路等作用。它是当输入回路中激励量的变化达到规定值时，能使输出回路中的被控电量发生预定阶跃变化的自动电路控制器件。它具有能反映外界某种激励量(电或非电)的感应机构、对被控电路实现“通”、“断”控制的执行机构，以及能对激励量的大小完成比较、判断和转换功能的中间比较机构。

图 3.8 继电器

继电器归结起来有如下功能。

(1)扩大控制范围。例如，多触点继电器控制信号达到某一定值时，可以按照触点组的不同形式，同时换接、开断、接通多路电路。

(2)放大。例如，灵敏型继电器、中间继电器等，用一个很微小的控制量，可以控制很大功率的电路。

(3)综合信号。例如，当多个控制信号按规定的形式输入多绕组继电器时，经过比较综合，达到预定的控制效果。

(4) 自动遥控、监测。例如，自动装置上的继电器与其他电器一起，可以组成程序控制线路，从而实现自动化运行。

这里主要使用它的放大功能，使用微小的电压(5V)来控制较大电压(220V)的设备。实际是使用继电器来控制插座电线的通电状态来控制插座的通电，从而最终控制插座上电器的通电。继电器连接如图 3.9 所示，在自己 DIY 智能台灯前切记所有的设备都不要插电，确认安全后，用剥线钳将插板最外层的保护线剪开，这时会露出三根线，分别是红色、黄绿色和蓝色(可能会有略微的差别，但是色系不会差别太大)，红色是相线，蓝色是零线，黄绿色线为地线(如果是两头插座则没有地线)。下面只将红色的相线剪断，并用剥线钳剥出一截裸露的铜线，然后将线头的一端接在继电器的 NC 触点，另一端接在同一继电器的动触点(即中间的触点)。继电器的电力则由 Arduino UNO 提供，所以将继电器和 Arduino UNO 的 GND 端和 VCC 对应连接，然后将对应继电器的 in 端口连接 Arduino UNO 的数字端口 11。确保以上连接成功后，将裸露的电线用绝缘胶布封住，然后通电即可。

图 3.9 继电器连接图

2. 软件编程

代码其实与 LED 灯的实验类似，都是通过改变数字端口输出的电平信号来改变继电器的状态。下面是完整的代码。

```
int elecRelayPin=11;
void setup()
{
  pinMode(elecRelayPin, OUTPUT);
```

```
}
void loop()
{
   digitalWrite(elecRelayPin, HIGH);
   delay(5000);
   digitalWrite(elecRelayPin, LOW);
   delay(5000);
}
```

首先设置连接继电器的数字接口为 11，然后在 setup 函数中设置该端口为输出型。接着在 loop 函数中，先通过 digitalWrite 将电压设置为 HIGH，使得继电器的动触点与常开触点吸合，回路闭合，电器通电，5s 后再将电压设置为 LOW，使得继电器的动触点与常闭触点吸合，电路断开。

3.2.3 PMW 电机

1. 硬件设计和搭建

PMW 电机是一种位置伺服驱动器，主要是由外壳、电路板、无核心马达、齿轮与位置检测器构成。其工作原理是由接收机或者单片机发出信号给 PMW 电机，其内部有一个基准电路，产生周期为 20ms、宽度为 1.5ms 的基准信号，将获得的直流偏置电压与电位器的电压比较，获得电压差输出。经过电路板上的 IC 判断转动方向，再驱动无核心马达开始转动，通过减速齿轮将动力传至摆臂，同时由位置检测器发送回信号，判断是否已经到达定位。适用于那些需要角度不断变化并可以保持的控制系统。当电机转速一定时，通过级联减速齿轮带动电位器旋转，使得电压差为 0，电机停止转动。一般 PMW 电机旋转的角度范围是 0°～180°。

PMW 电机有很多规格，但所有的 PMW 电机都外接三根线，分别用棕、红、橙三种颜色进行区分，颜色也会略有差异，棕色为接地线，红色为电源正极线，橙色为信号线。PMW 电机的转动角度是通过调节 PWM 信号的占空比来实现的，标准 PWM 信号的周期固定为 20ms(50Hz)，理论上脉宽分布应为 1～2ms，但事实上脉宽可为 0.5～2.5ms，脉宽和 PMW 电机的转角 0°～180°相对应(见图 3.10)。有一点值得注意的地方，由于 PMW 电机制造商不同，对于同一信号，不同牌子的 PMW 电机旋转的角度也会有所不同。

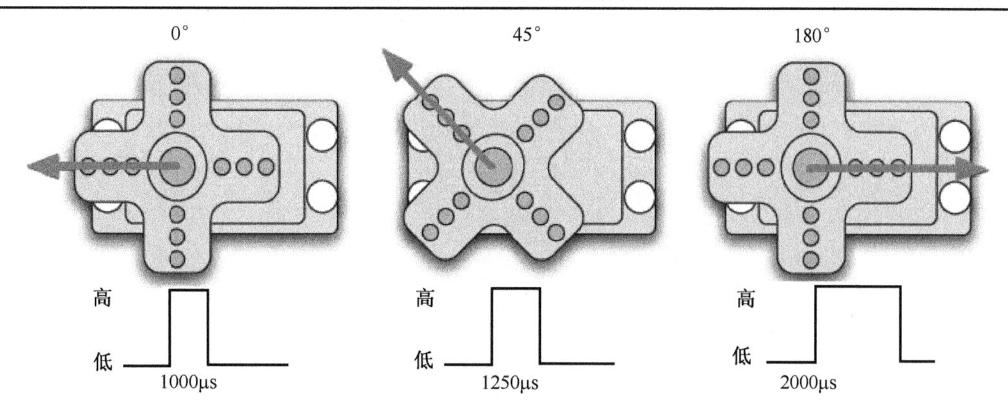

图 3.10　PMW 电机转动原理图

了解了 PMW 电机的原理后，就可以使用它做许多事情了。比较熟悉的四旋翼无人机就是以它为基础实现的，最近 Amazon 已经研发出来并试应用在快递商品方面了。而比较简单的，如智能家具中可以使用该原理控制窗帘和百叶窗。为了更加清楚地了解 PMW 电机的使用，在实验中使用一个小型 PMW 电机和一个旋钮传感器，使用旋钮传感器主要是为了加强读者的控制感，即可以通过旋钮的角度控制电机的角度。本实验使用的硬件如下。

(1) Arduino 控制板一块。

(2) Arduino 传感器扩展板一块。

(3) 电位器模块一块。

(4) 9 克 PMW 电机一个。

(5) 杜邦线数根。

用 Arduino 控制 PMW 电机的方法有两种，一种是通过 Arduino 的普通数字传感器接口产生占空比不同的方波，模拟产生 PWM 信号进行 PMW 电机定位；另一种是直接利用 Arduino 自带的 Servo 函数进行 PMW 电机的控制，这种控制方法的优点在于程序编写简单，缺点是只能控制两路 PMW 电机，因为 Arduino 自带函数只能利用数字 9、10 端口。Arduino 的驱动能力有限，所以当需要控制 1 个以上的 PMW 电机时需要外接电源。

这里使用第二种方法，PMW 电机连接如图 3.11 所示，由于只有 9、10 号数字端口可用，这里使用 9 号数字端口作为电机的输出口，而旋钮传感器输出的是连续信号，所以和 Arduino UNO 的模拟 5 号口(A5)、GND 口、5V 口和 VCC 口对应连接即可。

这里需要注意的是，不要使用计算机 USB 给 Arduino UNO 供电，因为如果电流需求大于 500mA，会有烧毁 USB 的可能，推荐使用电池外置供电。

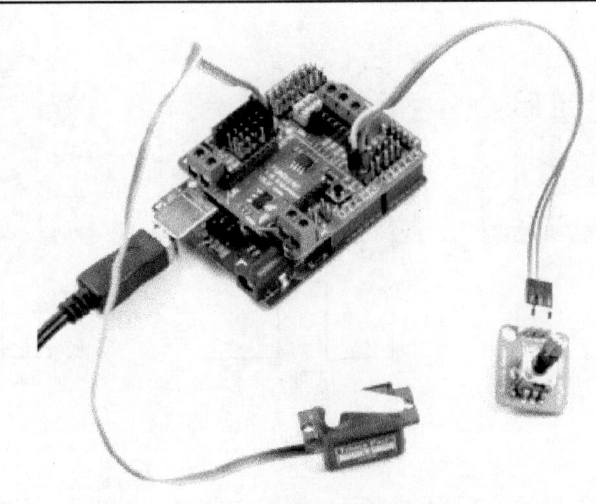

图 3.11　PMW 电机连接图

2. 软件编程

本实验使用了 Arduino IDE 自带的函数库 Servo，这个函数库的主要作用就是控制 PMW 电机。在进一步介绍之前，先对 Arduino IDE 函数库的情况进行简要介绍。

读者可以在 Arduino IDE 的安装目录中找到一个叫做 libraries 的文件夹，该文件夹就是 Arduino 提前集成好的各类函数库，内容涵盖 SD 卡的读写、液晶屏的接口和无线网络的使用等，当然读者可以不使用这些函数，但是这些函数会大大简化软件的编程工作。下面对一些常用的函数库进行介绍。

(1) Ethernet：通过以太网模块连接到互联网。

(2) LiquidCrystal：控制液晶显示器。

(3) SD：对 SD 卡进行读写。

(4) Servo：对电机进行控制。

(5) WiFi：通过 WiFi 模块接入网络的函数。

(6) Wire：双总线接口通过网络对设备和传感器发送和接收数据。

(7) GSM：通过全球移动通信系统(global system for mobile communications，GSM)通信模块发送和接收数据。

(8) RobotXXX：以 Robot 开头的都是对机器人进行控制的库函数。

当然读者可以自行编写库函数以调用或发布，值得一提的是，现在主流的云平台都为 Arduino 开发了函数库，用户使用这些库可以非常方便地将数据直接接入云平台。

回到本实验的介绍，先给出完整的代码。

```
#include <Servo.h>
int_ABVAR_1_val;
int_ABVAR_2_servo;
Servo servo_pin_9;
void setup()
{
  _ABVAR_1_val=0;
  servo_pin_9.attach(9);
  _ABVAR_2_servo=0;
}
void loop(){
  _ABVAR_1_val=analogRead(A0);
  _ABVAR_2_servo=map(_ABVAR_1_val, 0, 1023, 0, 180);
  servo_pin_9.write(_ABVAR_2_servo);
}
```

首先将控制电机的函数库包含到工程中，然后定义旋钮传感器和电机的控制变量，并在 setup 函数中进行初始化，设定电机的输出口为数字口 9；然后在 loop 函数中首先让变量_ABVAR_1_val 读取旋钮传感器(实质是个可变电阻)输入值，这个值位于 0～1023；再利用 map 函数缩放该值，得到 PMW 电机需要的角度(0°～180°)，将这个值用于设定电机的旋转角度，可设定的角度范围是 0°～180°。

3.2.4　液晶显示器

1. 硬件设计和搭建

前面介绍的传输结果都需要在串口监视器中查看，这对于开发者会比较麻烦，更不要说普通用户了，所以本节介绍一种 Arduino 的表达方式，即液晶屏显示输出。平常使用的 LED 屏幕，液晶显示器(liquid crystal display，LCD)和数码管等显示器虽然极大丰富了人机交互性，但是它们有个共同的特点就是与控制器连接都要占用较多的 I/O 口线，这对一些外围接口不够丰富的控制器是一大难题，同时也限制了控制器的其他功能(如图 3.12 所示，Arduino 官网上的 2×16 LCD 显示器，占用了 Arduino UNO 的 D2、D3、D4、D5、D11、D12 六个数字接口)。

针对这点，使用带 I2C 接口的 LCD1602(见图 3.13 和图 3.14)，很好地解决了这个问题，而且使用起来也比较简单。在连接方面，先连接 GND 和 VCC 以保证液晶屏供电，再将 SDA、SCL 与 Arduino UNO 的 A4、A5 端口对应连接即可传输数据。

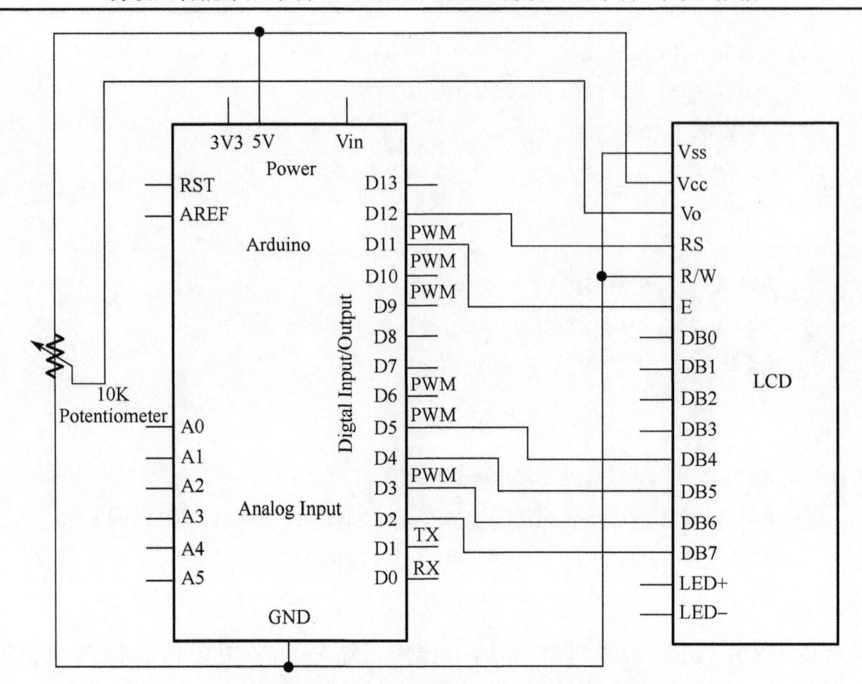

图 3.12　Arduino 官网使用的显示器

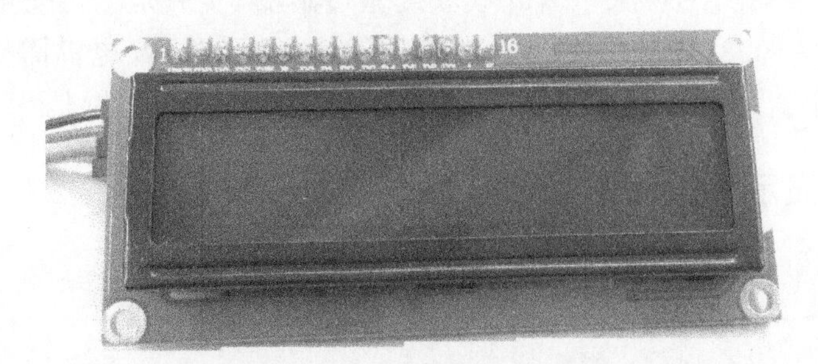

图 3.13　I2C 接口 LCD　显示器正面

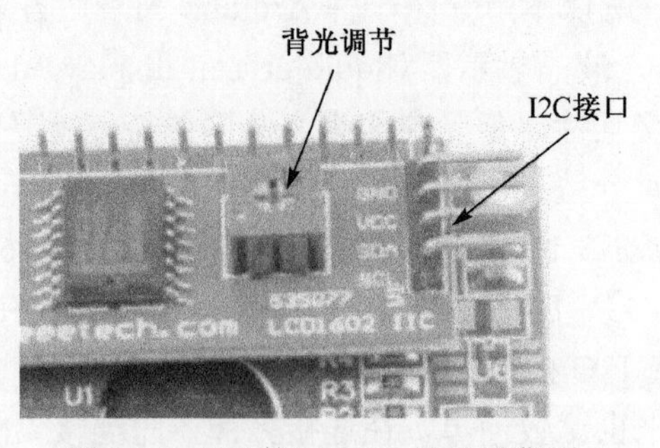

图 3.14　I2C 接口 LCD 显示器背面

2. 软件编程

本实验需要使用库 LiquidCrystal_I2C，这是专门针对 I2C 接口的液晶屏的库。下面是完整代码。

```
#include <Wire.h>
#include <LiquidCrystal_I2C.h>
LiquidCrystal_I2C lcd(0x27, 13, 2);
void setup()
{
  lcd.init();
  lcd.backlight();
  lcd.print("Hello world!");
}
void loop()
{
}
```

在开始部分需要包含库 Wire 和 LiquidCrystal_I2C，后者就是液晶屏显示所使用的库，而且后者需要依赖前者库中的函数。lcd(address，a，b)函数的功能是设定LCD屏幕的I2C地址，其中address是16进制数，0x27即十进制数的39(2×16+7=39)，a 是字符个数，b 表示行数，所以这里就是设定 I2C 地址为 0x27 后，显示 13 个字符(包括最后的空格)并分两行显示。然后在 setup 函数中，使用 init 函数对 LCD 屏初始化，再通过 backlight 函数打开背光灯，最后使用 print 函数将指定的字符“Hello world!”显示出来。如果需要实时显示传感器的信息，可以将 print 函数放到 loop 函数中，并以传感器的变量作为 print 的参数。

3.3　Arduino连接无线通信模块

3.3.1　WiFi

到这里已经介绍了 Arduino UNO 如何连接传感器、执行器和显示设备，而 Arduino UNO 最主要的作用是作为硬件中间件，起着上传下达的作用，所以需要一种便捷的方式将收集到的数据通过网络发送到云平台上。通常 Arduino 硬件接入网络的方式有两种，一种是给 Arduino 添加一个以太网模块，通过插网线的方式连网；另一种是为 Arduino 叠加一个 WiFi 设备，然后通过 WiFi 接入网络。前者由于要使用网线，所以对地点、距离等限制很大，通常用于实验，实际工程使用较少，而后者则使用方便。支持与 Arduino 连接的 WiFi 硬件模块很多，如外形酷似 SD 卡的 Electric Imp，只需要简单地进行配置就可以连接 WiFi 信号；还有 Arduino 官方的 WiFiShield，可以和 Arduino UNO 完美对接，而且官方的函数库也很完备；以及许多第三方厂商设计生产的 WiFi 模块，也可以达到相同的效果，只是函数库略有不同。为了统一，在此使用官方的 WiFiShield 进行实验。

1. 硬件连接

Arduino WiFi 是一个模块(见图 3.15)，跟手机里的 WiFi 功能一样。Arduno WiFi 模块通过无线连接到无线网络，并可以通过网络传输一些简单的指令控制周围的设备，它使用的是 802.11b、802.11g 无线标准，系统软件包基于 HDG104 Wireless LAN 802.11b/g。此外，ATmega 32UC3 提供了一个支持 TCP 和 UDP 协议的 IP 堆栈。此扩展板可以连接至加密的网络，无论这个网络是使用 WPA2 个人版还是 WEP 加密版。当然，它也可以连接至开放的网络。前提是这个网络必须广播其 SSID(服务集标识，即无线信号的名称)，以便扩展板能够发现这个网络。

图 3.15 Arduino WiFiShield

硬件的连接极其简单，只需要将 WiFiShield 垂直插到 Arduino UNO 上即可。

2. 软件编程

Arduino 官方有现成的 WiFi 连接库，所以可以把精力集中在功能的设计上。本节的实验目的是连接 WiFi 信号，并让用户可以在串口监视器中观察到成功信息。下面是完整的代码。

```
#include <WiFiClient.h>
#include <WiFi.h>
#include <WiFiServer.h>
char ssid[]="LOFT_ABCD";
char pass[]="12345678";
int status=WL_IDLE_STATUS;
WiFiClient client;

void printWifiStatus()
{
  Serial.print("SSID:");
  Serial.println(WiFi.SSID());
  IPAddress ip=WiFi.localIP();
  Serial.print("IP Address:");
  Serial.println(ip);
  long rssi=WiFi.RSSI();
  Serial.print("signal strength (RSSI):");
  Serial.print(rssi);
  Serial.println("dBm\n");
}

void setup()
{
  Serial.begin(9600);
  while (status!=WL_CONNECTED)
  {
    Serial.print("Attempting to connect to SSID:");
    Serial.println(ssid);
    status=WiFi.begin(ssid, pass);
    delay(10000);
  }
  Serial.println("Connected to wifi");
  printWifiStatus();
}
void loop()
{
}
```

这个实验的代码虽然长，但函数 printWifiStatus()其实是让用户在串口监视器中查看 WiFi 连接状态的，对整体功能没有影响。下面详细解释代码，首先包含进来三个库，它们分别是 WiFiClient、WiFiServer 和 WiFi，这些库是 WiFi 相关函数正常使用的保证。接下来将 WiFi 信号的名称和密码存入字符变量中，例如，本实验室 WiFi 的用户名和密码分别是 LOFT_ABCD 和 12345678；接着将状态变量设置为未连接，然后定义一个 WiFi 代理 client。下面简要介绍函数 printWifiStatus，如本段开始所述，它的功能主要是告知用户 WiFi 连接状态，具体包括 WiFi 信号名称、获取到的 IP 地址和信号强度，如果用户同时看到以上信息就说明 WiFi 连接成功了，否则是获取不到以上信息的；接着在初始化函数 setup 中设定串口的波特率为 9600，然后用 while 函数确保 WiFi 在未连接前会一直尝试，即如果连接成功则 begin 函数会返回一个 WL_CONNECTED 的状态到变量 status 中，否则每隔 10s 重新尝试连接。

3.3.2 ZigBee

ZigBee 是一种短距离、低功耗的无线通信技术名称。这一名称来源于蜜蜂的八字舞。其特点是近距离、低复杂度、低功耗、低数据速率、低成本，适用于自动控制和远程控制领域，可以嵌入各种设备。换句话说，ZigBee 就是一种便宜的、低功耗的近距离无线组网通信技术。

ZigBee 作为一种新兴的短距离、低速率的无线通信技术，得到了越来越广泛的关注和应用，市场上也出现了大量与 ZigBee 相关的各种产品，下面介绍它的优点。

(1) 低功耗。在低耗电待机模式下，两节 5 号干电池可支持 1 个节点工作 6～24 个月，甚至更长。这是 ZigBee 的突出优势，而 WiFi 只能工作数小时。

(2) 低成本。通过大幅简化协议，降低了对通信控制器的要求，按预测分析，以 8051 的 8 位微控制器测算，全功能的主节点需要 32KB 代码，子功能节点少至 4KB 代码，而且 ZigBee 免协议专利费，每块芯片的价格大约为 2 美元。

(3) 低速率。ZigBee 工作在 20～250Kbit/s 的较低速率，分别提供 250Kbit/s (2.4GHz)、250Kbit/s (780MHz)、40Kbit/s (915MHz) 和 20Kbit/s (868MHz) 的原始数据吞吐率，满足低速率传输数据的应用需求。

(4) 近距离。传输范围：2.4GHz 频段一般为 10～300m；780MHz 频段一般为 100～700m，通信距离在增加射频发射功率后，亦可增加到 1～3km (这指的是相邻节点间的距离)。如果通过路由和节点间通信的接力，传输距离可以更远。

(5) 短时延。ZigBee 的响应速度较快，一般从睡眠转入工作状态只需 15ms，节点连接进入网络只需 30ms，进一步节省了耗电量，而相比之下 WiFi 需要 3s。

(6) 高容量。ZigBee 可采用星状、片状和网状网络结构，由一个主节点管理若干子节点，一个主节点最多可管理 254 个子节点；同时主节点还可由上一层网络节点管理，最多可组成 65000 个节点的大网。

(7) 高安全。ZigBee 提供了三级安全模式，包括无安全设定、使用接入控制清单(access control list，ACL)防止非法获取数据和采用高级加密标准(AES128)的对称密码，以灵活确定其安全属性。

(8) 免执照频段。ZigBee 采用直接序列扩频在工业科学医疗(Industrial Scientific Medical Band，ISM)频段：2.4GHz(全球)、915MHz(美国)、868MHz(欧洲)和 780MHz(中国)。

本节主要介绍如何使用 Arduino UNO 连接 ZigBee 并进行通信。

1. 硬件连接

实现 ZigBee 无线传输功能的主要硬件如下。

(1) XBee 模块 1 块。

(2) ZigBee 扩展板 1 块。

(3) Arduino UNO1 块。

(4) 杜邦线数根。

XBee(见图 3.16)是美国 MaxStream 公司基于 ZigBee 技术的一个无线传输模块，该模块使用起来非常简单，只需要简单地把数据输入一个模块中，它就能自动地发送到无线连接的另一端，同时也支持 AT 命令(应用于终端设备与 PC 应用之间的连接与通信)进行高级配置。而且 XBee 模块是串口操作，使用 Arduino 控制器与 XBee 模块即可实现 ZigBee 无线传输。本节的实验使用一对 Arduino XBee 模块，从而实现一个最简单的包含两个节点的 ZigBee 网络，完成 Arduino 之间的无线通信。值得一提的是，ZigBee 技术本身也支持多个节点组成的复杂网络，本实验使用两个节点即可说明问题。

图 3.16　XBee

连接过程很简单，只要将 XBee 插接到扩展板上，再将扩展板插到 Arduino UNO 上即可(见图 3.17)。

图 3.17　XBee 连接示意图

2. 软件编程

在 Arduino IDE 编程前，需要对 XBee 模块进行设置，有两种方式，一种是按照 XBee 手册里介绍的 AT 指令，通过串行终端完成；另一种可以借助 X-CTU 这个工具来完成。本实验使用后者，X-CTU 工具可以在网上通过搜索下载。首先将 Arduino XBee 扩展板连接到 Arduino 母板上，然后将 Arduino XBee 扩展板上的两个跳线置于 USB 一端，这样 X-CTU 才能通过 Arduino 的 USB 接口对 XBee 模块进行配置；接着用 USB 电缆将 Arduino 与 PC 连接好，运行 X-CTU 软件。首先在 PC Settings 中选择对应的通信端口，并设置好波特率等参数。XBee 模块出厂默认的设置为 9600，8，NONE，1，如图 3.18 所示。

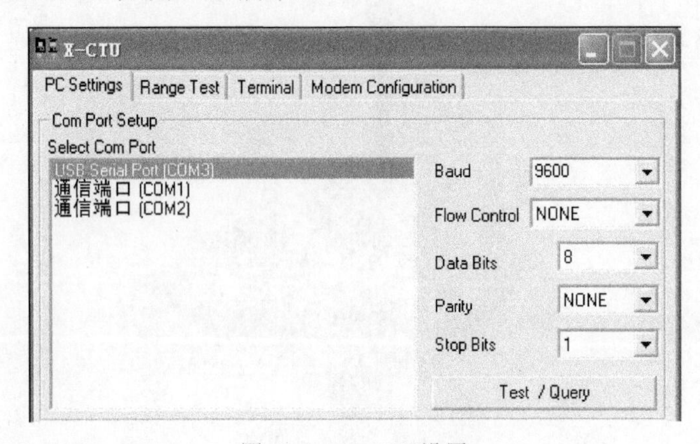

图 3.18　X-CTU 设置

接下来单击 Test/Query 按钮，测试是否能够正确地连接上 XBee 模块。如果一切正常，将看到如图 3.19 所示的对话框。如果通信参数设置都是正确的，但仍然无法与 XBee 模块通信，那么需要检查 USB 连线和 Arduino XBee 扩展板上的跳线，必要的时候可以拔掉 Arduino 上的 ATmega 单片机再次尝试。

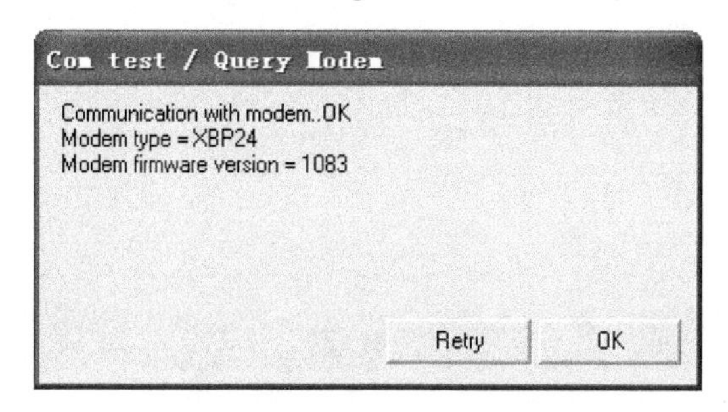

图 3.19　提示对话框

测试正常之后转到 Modem Configuration，即第四个选项卡。单击 Modem Parameters and Firmware 中的 Read 按钮读出 XBee 模块中的当前参数，接着展开 Networking & Security 并将 Channel 设为 C，将 PAN ID 设置为 1234，如图 3.20 所示。

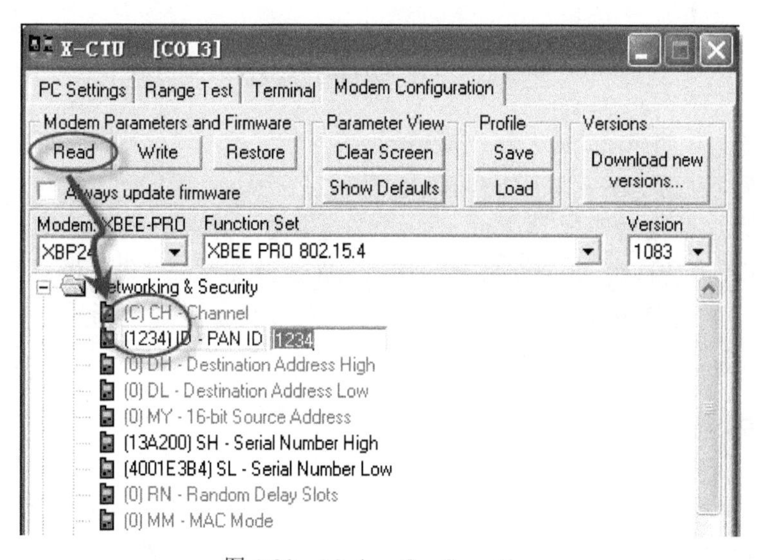

图 3.20　Modem Configuration

在这里要实现的是一个简单的由两个节点组成的点对点网络，所以只需要对另外一个 Arduino XBee 模块进行完全相同的设置就可以了。两个 Arduino XBee 模块都设置好之后，运行两个 X-CTU 并在 PC Settings 中选择不同的通信接口(本实验选择的是 COM3 和 COM6)，让两个 Arduino XBee 模块分别连接两台 PC。

如图 3.21 所示，在 X-CTU 的信息框中可以手工输入需要 XBee 模块传输的数据，这些数据在收到之后会被自动发送到另一个 XBee 模块，并在另一个 X-CTU 的信息框中显示出来。用不同颜色表示发送和接收的数据。

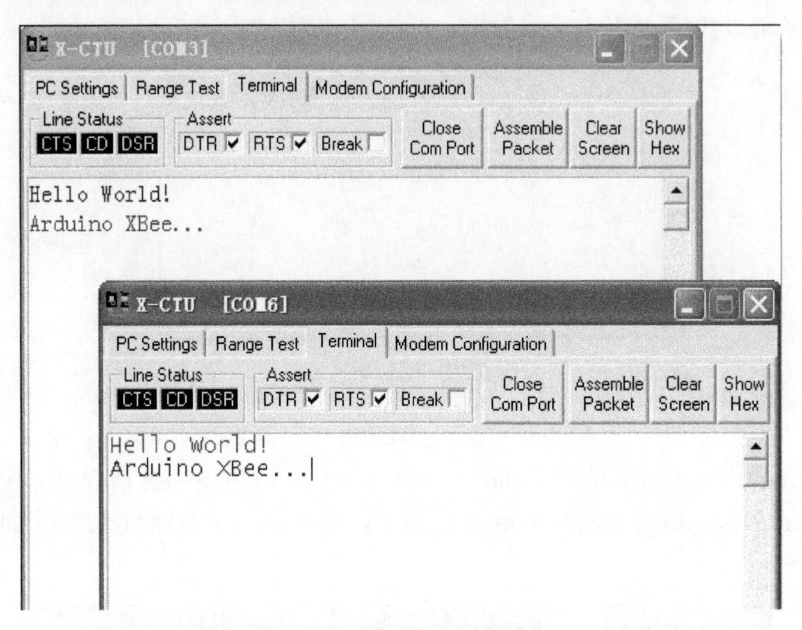

图 3.21 两个 XBee 进行通信

至此，基本说明 Arduino XBee 模块能够正常收发数据了，接下去要做的就是在 Arduino 工程里利用 XBee 进行传感器数据的收发。具体的操作步骤是：在 Arduino 工程中将要发送的数据通过 Arduino 的串行通信接口发送给 XBee 模块，接着在 XBee 模块间无线传输数据，然后在另一个 Arduino 模块中通过串行接口读出来就可以了。如果想要构建更加复杂的网络，可以参考 XBee 的使用手册，并好好了解 ZigBee 的协议。

3.3.3 蓝牙

蓝牙这个名称来自于第 10 世纪的一位丹麦国王 Harald Blatand，Blatand 在英文里的意思可以解释为 Bluetooth（蓝牙）。蓝牙技术实际上是一种短距离无线电技术，利用蓝牙技术，能够有效地简化掌上计算机、笔记本计算机和手机等移动通信终端设备之间的通信，也能够成功地简化以上这些设备与因特网（Internet）之间的通信，从而使这些现代通信设备与因特网之间的数据传输变得更加迅速、高效，为无线通信拓宽道路。

1. 硬件连接

本节的实验包括下列硬件。

(1) bluetooth Bee 一块。

(2) XBee 扩展板一块。

(3) Arduino UNO 一块。

(4) LED 灯一个。

(5) 杜邦线数根。

本实验采用 Bluetooth Bee(见图 3.22)蓝牙无线传输模块，它采用 XBee 造型设计，体积尺寸紧凑，兼容 XBee 的扩展底座，适用于各种 3.3V 的单片机系统，模块可以使用 AT 指令设置波特率和主从机模式，默认波特率为 9600，属于从机模式。

图 3.22　bluetooth Bee 通信模块

硬件连接非常简单，类似于 ZigBee，只需要将 Bluetooth Bee 连接到 XBee 扩展板上，再将扩展板插接到 Arduino UNO 上即可，如图 3.23 所示，然后将 LED 灯连接到 Arduino UNO 的 13 号数字口上。

图 3.23　Bluetooth Bee 连接示意图

2. 软件编程

本实验设计是让手机发现蓝牙设备并进行配对(默认的配对密码是 1234)，然后通过手机发送特定字符让 Bluetooth Bee 模块接收，检验收到的方式是让连接到 Arduino UNO 上的 LED 灯闪烁一下。下面是完整的代码。

```
char val;
int ledpin=13;
void setup()
{
   Serial.begin(9600);
   pinMode(ledpin, OUTPUT);
}
void loop()
{
   val=Serial.read();
   if(val=='f')
   {
      digitalWrite(ledpin, HIGH);
      delay((500);
      digitalWrite(ledpin, LOW);
      delay(500);
   }
}
```

在程序一开始定义了接收手机发送字符的变量 val 并设定了 LED 灯的控制口为数字端口 13，然后在 setup 函数中，将波特率设定为 9600，并设定 13 号数字端口为输出；接着在 loop 函数中，让 Arduino 通过串口读取 Bluetooth Bee 收到的手机的字符，之后进行判断：如果是字符 f，则设定 LED 灯以 5s 为间隔进行闪烁。

第 3 篇

物联网云服务器 Xively

第4章

Xively 基础

物联网云平台在整个物联网智能家居体系结构中起着承上启下的作用：启下是指物联网云平台要负责接收感知层的数据，并对数据进行分类存储和管理；承上是指物联网云平台要向应用层提供统一的调用接口，即屏蔽应用层以下的部分，方便不同要求的数据调用。

Xively 就是物联网云平台的优秀代表，不但结构清晰、功能齐全，而且使用简单，非常适合初学者学习和使用。

本节重点

- 市场主流的云平台介绍
- Xively 的介绍

4.1 云平台的优势

当今技术的进步无形中使任何人独立发明或者革新成为可能，例如，上一次移动平台的技术革命，允许个人或小型团队在 Android 和苹果上开发 APP，而且任何个人或者公司都能向消费者直接提供自己的 APP，很多 APP 开发者从中获得了第一桶金。而下一次技术革命的浪潮则属于物联网，物联网将硬件创新和软件创新结合起来，因此其带来的机会要远远超过以前任何一次技术革命。

物联网在美国也称为工业互联网，因为它利用互联网将硬件、数据、软件、用户和位置信息等属性信息通过云平台连接起来，由此产生的结果是人们探索、互动和体验物理世界的方式将从此改变。从智能穿戴设备到增加能源利用效率、家居智能化、环境监测智能化或者智能医疗等应用，物联网的应用几乎是无所不在。但是，要实现上述应用需要一些条件成熟或某些技术出现，例如，传感器的成本再次大幅降低，出现小型化而运算能力强却又节能、廉价的硬件中间件，以及海量存储空间和能与硬件连接的云平台。

没有物联网云平台的物联网体系就像没有硬盘的 PC 一样，但并不是说物联网云平台的作用就是存储数据，归纳起来，物联网云平台主要有以下 4 个优势。

1. 降低成本

以智能家居为例，单个的智能硬件设备都需要连接到 WiFi，进而连接到物联网云平台，因为要实现远程控制(如手机监控)，所以必须让所有数据流转在同一个云平台上，一方面记录所有的智能家居产品的状态，并通过云平台对设备进行远程控制；另一方面，不同数据之间是有一定联系的，将所有数据统一在一个平台上进行存储、管理和分析就能实现如节能等功能。要实现上述模式，对于单个的智能家居企业，需要完成以下工作：云计算平台的开发、维护；服务器集群的架设和维护；移动终端的开发与售后；硬件、软件等内部通信的实现；所有的运维人员和相应的开发人员的成本。以上这些要素对于单个企业，如果全部自己承担其成本会非常高，而且许多要素自己做是没有必要的，而如果有一个公共服务平台，可以极大地降低成本。而且从经济发展的角度看，社会分工细化会促进生产力的提升。这些企业选择运营服务商的商业模式，正是物联网领域的一次社会分工的细化，因而总体上会节约成本。

2. 方便用户

智能家居发展的出发点和落脚点其实都是给用户带来便利，但是现状却是用户在选择智能家居产品时，只能选择一个厂家生产的智能家居产品，如果选择两个不同品牌智能家居的产品，对智能家居的控制就可能需要使用两个 APP，而这两个 APP 又运行在两个物联网云平台上，给用户带来了很多不便。

因此一个统一的物联网云平台会给用户带来好的用户体验，数据和设备在云平台上整合，方便用户随时查看和控制，例如，现在不必考虑灯泡是哪个厂家生产的，只需要买回来插到灯座上，使用开关就可以控制。

3. 降低创业门槛

在物联网云平台出现前，个人或小型团队想要进行物联网方面的创业(如智能家居、智能环境监测等)几乎是不可能的，以智能插座创业为例，仅技术团队就需要硬件、网络、iOS 开发、Android 开发、云服务等各方面的技术人员。而智能插座作为智能家居领域的一个小配件，对专业知识的要求还不高，但如果做整个智能家居或智能环境监测，就需要更大的团队和更多的启动资金。物联网是个新兴行业，有很多初创公司进入这个领域，如果按照上面的要求，让公司实现所有技术，对于这些小企业门槛偏高。因此中小企业结合物联网云平台后，后者能够为前者提供相应的服务，中心企业就不需要做整套的技术和服务，而只需要将自己擅长的领域做精，例如，移动应用公司提供 iOS 开发，Android 开发服务；硬件公司专注降低制造的成本，提高产品质量。从整体上看，这种模式可以加速物联网行业的发展，让每个公司都可以找到相应的定位和生存空间。

4. 统一数据标准

标准包括技术标准和行业标准，理论上当然是两者都统一最好，本书不讨论是行业标准决定技术标准还是正好相反。当年网络体系结构标准还没有统一的时候，技术标准是 7 层网络架构，而行业在市场实践中逐渐形成了 TCP/IP 标准，并最终成为网络体系架构最主要的标准，直接帮助互联网飞速发展，物联网可能正处于互联网当时的阶段，各个行业会逐渐进入物联网领域，这些行业都存在行业领袖，在自己的领域有丰富的客户、行业资源，并了解自己的行业。这些企业的应用很容易成为行业标准，随着它们在物联网服务方面抢占的市场份额越来越多，它们最终会成为行业标准的主导者，建立统一的标准并帮助行业发展。

因此，物联网的发展是需要物联网云平台的。要实现物联网在一个大范围内的信息共享，需要一个大范围使用的运营平台。4.2 节将对国内外主流的云平台进行详细介绍。

4.2　物联网云平台现状

物联网的概念提出来之后，涌现出了大量的物联网云平台，而且基本功能都比较完备。其实这并不奇怪，因为物联网云平台因性质不同可以分为两类，一类是从企业自动化管理网络平台中提炼出来的，原本是为机器对机器(machine to machine，M2M)设计的自动化平台，因此都比较成熟，其本身就具备接入各类传感器、执行器和设备的功能，部分甚至具备企业管理软件(enterprise resource planning，ERP)和客户关系管理软件(customer relationship management，CRM)的功能；而另一类是专门针对物联网的体系结构设计的，总体比第一类更加符合物联网应用的需求，但功能、稳定性和规模都不及第一类。下面列举一些典型的物联网云平台。

1. AMEE

AMEE 是 AMEE UK 公司的物联网云平台产品，它提供了英国全境内的财产设施信息，并允许用户监控和管理公司与公共设施的设备、财产等，与物联网的功能相比，AMEE 更像是一个数据服务中心。它的特点如下。

(1) 免费提供环境报告，包括碳排放、水和大气质量等，数据来源包括 CDP

(Carbon Disclosure Project)、C02 Benchmark、CSRHub、Environment agency(见图 4.1)。但许多数据仅限英国境内。

图 4.1　AMEE 物联网云平台

(2)提供评估数学模型对目标进行计算,如评估某个工厂对环境的污染并用数值进行量化(1～100)。

开发者可以利用网站的 API 调用网站的数据，调用要求不高，只需以 HTTP 作为基本的通信协议，通过安全套接层(secure sockets layer，SSL)发送数据就可以了，所有数据都是免费的，但对于国内的开发者用处不大，因为这些数据大部分来自于英国境内的公司和公共设施。

2. Axeda

Axeda 是 Axeda 公司打造的一款专门针对物联网应用的云平台，公司的理念是让机器相互连接以创造价值。如图 4.2 所示，它的特点如下。

(1)对数据提供实时监控服务，当满足约定条件时会报警。

(2)提供位置服务，如路径跟踪、进出地区范围报警。

(3)保证数据安全，而且为蜂窝传输、卫星传输和网络传输进行了数据结构的优化，保证传输数据量最小化。

(4)拥有成熟完善的应用开发平台，可以快速开发软件和应用产品。

虽然 Axeda 功能完善，而且提供了许多方便开发者的功能，但遗憾的是目前该平台还没有对国内的 IP 开放开发接口。

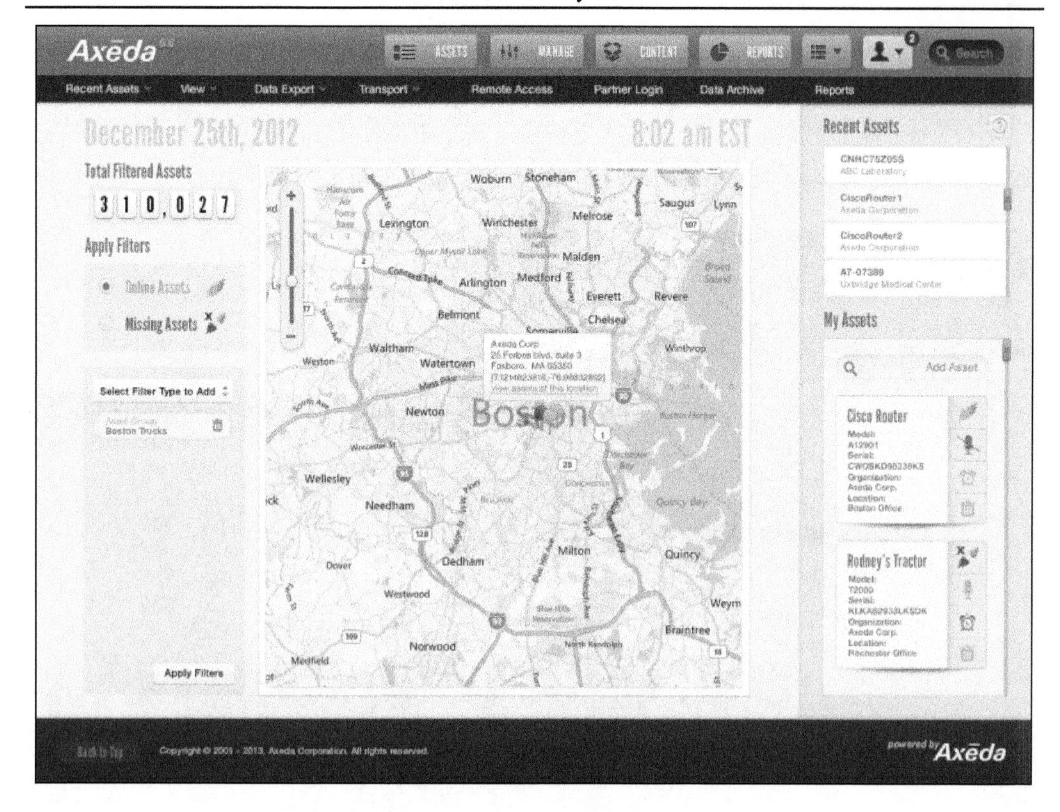

图 4.2　Axeda 物联网云平台

3. Swarm

Swarm 是 Bug Labs 公司开发的物联网云平台，该平台以服务为特色，为开发者和用户提供了许多工具和服务，如 ERP、CRM、数据分析工具、可视化工具和地理位置信息服务。如图 4.3 所示，具体特点如下。

(1) 集成 CRM/ERP。

(2) 事件通知和预警。

(3) 可对数据进行分析并生成报告。

Swarm 平台对开发者是完全免费的，数据接口依照 HTTP 协议进行调用，开发语言可以支持 JavaScript 和 Python。

4. Carriots Cloud

Carriots Cloud platform 是 Carriots 公司开发的一个界面友好、使用简便的物联网云平台，它同样使用主流的 HTTP RESTful API 来交换数据，如图 4.4 所示，它的优点在于其简洁的界面有利于用户快速获取有用的信息，同时平台还提供了一系列的新手指导教程，帮助新手快速上手。具体特点如下。

(1) API 基于 HTTPS，而且数据支持纯文本、JSON (JavaScript Object Notation) 或可扩展标记语言 (extensible markup language，XML) 三种主流格式。

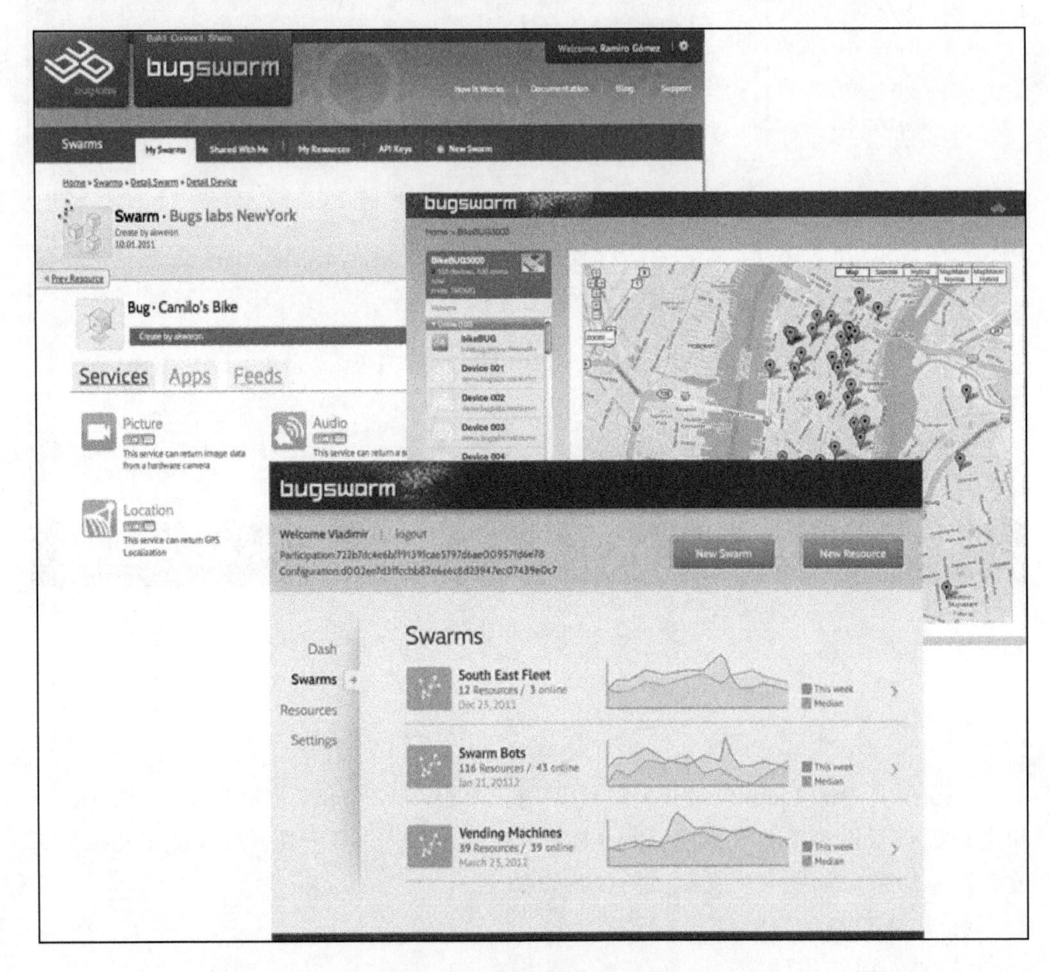

图 4.3　Swarm 物联网云平台

(2) 逻辑关系清晰，例如，第一层先新建一个项目 A，在 A 下面又可以添加财产类、设备和模型属性等，多个设备可以有同样的模型属性，而一个财产类又可以包含多个设备。

(3) 硬件设备接入方式多样，用户可以使用 API 规定的格式进行数据交换，或使用监听器和软件开发工具包 (SDK) 接入设备，对于编程基础一般的用户，甚至可以在网页上进行设置来实现设备与云平台的连接。

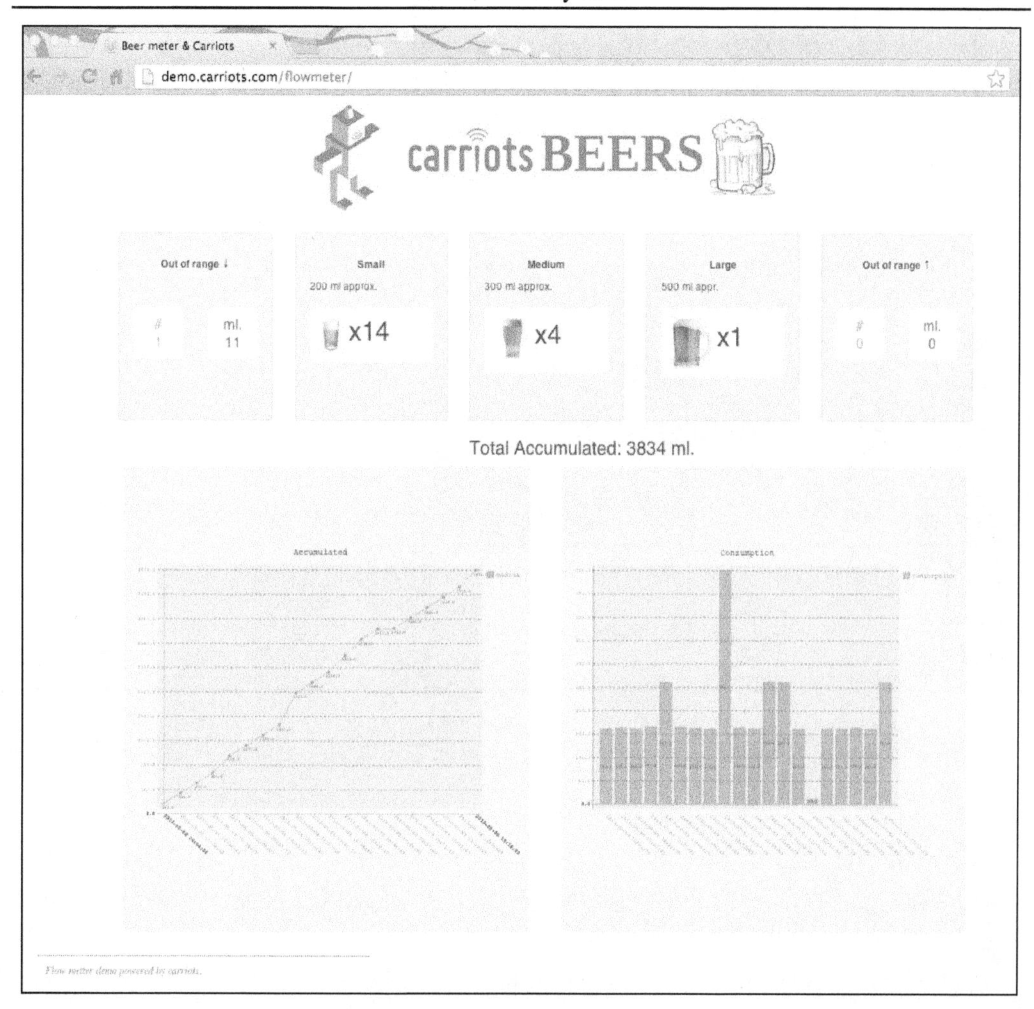

图 4.4　Carriots 物联网云平台

5. Evrythng platform

说到物联网云平台，就不得不提 Evrythng 公司开发的 Evrythng platform，它的最大特点是利用 RFID 标签和二维码使物理世界的实体变得可以识别，进而接入云平台，再通过手机、平板计算机等移动设备与用户连通，最终构成一个连接世界万物的网络。如图 4.5 所示，它的特点如下。

(1) 使用智能标签技术识别任意一个物理实体。

(2) 整合 CRM 和 ERP 的企业数据。

(3) 使用 HTTP RESTful API 安全传输数据和 API 加密技术。

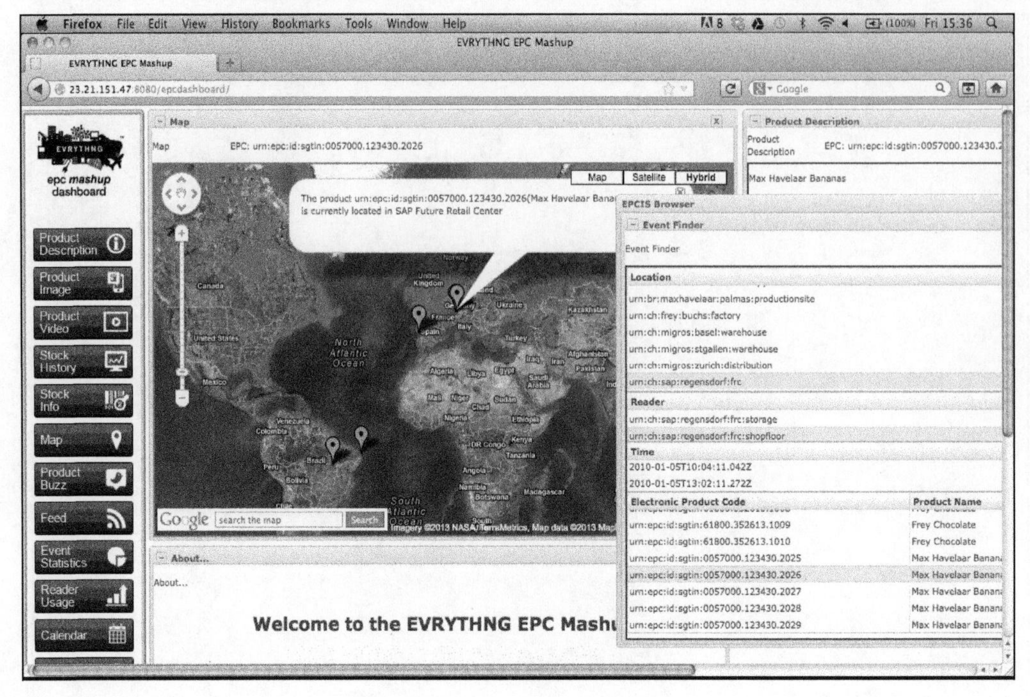

图 4.5　Evrythng 物联网云平台

6. GroveStreams

GroveStreams 是由老式的 M2M 平台转型过来的物联网云平台，虽然界面和用户友好度不如上述的几个平台，但功能非常强大，如图 4.6 所示，下面具体看一下它的优势。

(1) 与其他的物联网云平台相比，具有较强的数据分析、可视化能力，将仪表盘做成小组件的形式，用户可以个性化 DIY。

(2) 将事件的时空属性与其他属性紧密连接。

(3) 支持 RSS widgets。

(4) 可以通过可视化的方式对数据进行纠正。

(5) 提供一系列的方法连接设备：①GroveStreams 公司生产的硬件平台、软件平台；②Arduino 和 Energy Resource Products；③使用 JSON 文件格式导入设备信息；④使用 API 接口，使用 HTTP RESTful API 安全传输数据；⑤RSS Feeds 推送方式。

7. Nimbits

Nimbits 是一款开源的物联网云平台，用户可以基于 Google APP 引擎搭建自己的云服务(见图 4.7)，对于想自己搭建云平台的开发者，Nimbits 再合适不过了，唯一需要注意的是需要用户熟悉 Google 的 APP 引擎的开发。该平台提供了主流的 HTTP RESTful API 进行数据交换。

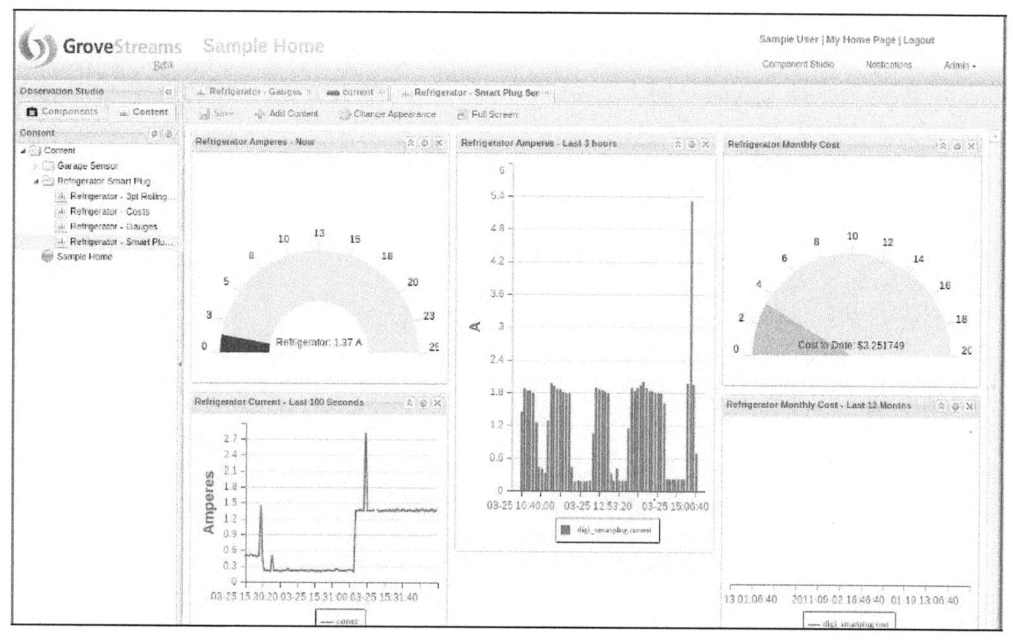

图 4.6　GroveStreams 物联网云平台

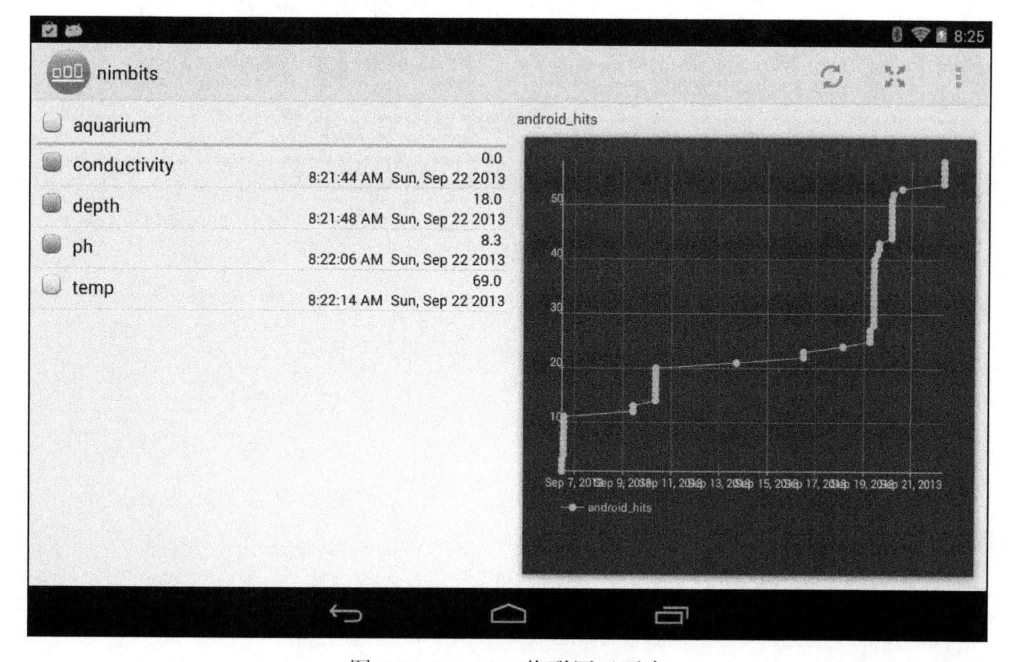

图 4.7　Nimbits 物联网云平台

8. One platform

One platform 是 Exosite 公司的云平台产品，它是唯一一个有服务器架设在亚洲地区(香港)的云平台，对于中国用户的好处就是数据交换速度很快。开发方面，One platform 采用可视化组建的方式，对于编程基础一般的用户尤为有用。不足之处是对移动设备的支持较差，作者没有找到支持 Android 和 iOS 等移动设备的库。如图 4.8 所示，它的具体特点如下。

(1) 界面简单明了易操作，数据可视化功能都是以组件的形式出现的，与 Android 开发中的 widget 类似。

(2) 针对亚洲地区开放得较好，服务器架设在香港。

(3) 为 Python、.NET、C++、Java 提供库函数。

(4) 为 Arduino 等主流硬件提供现成的库。

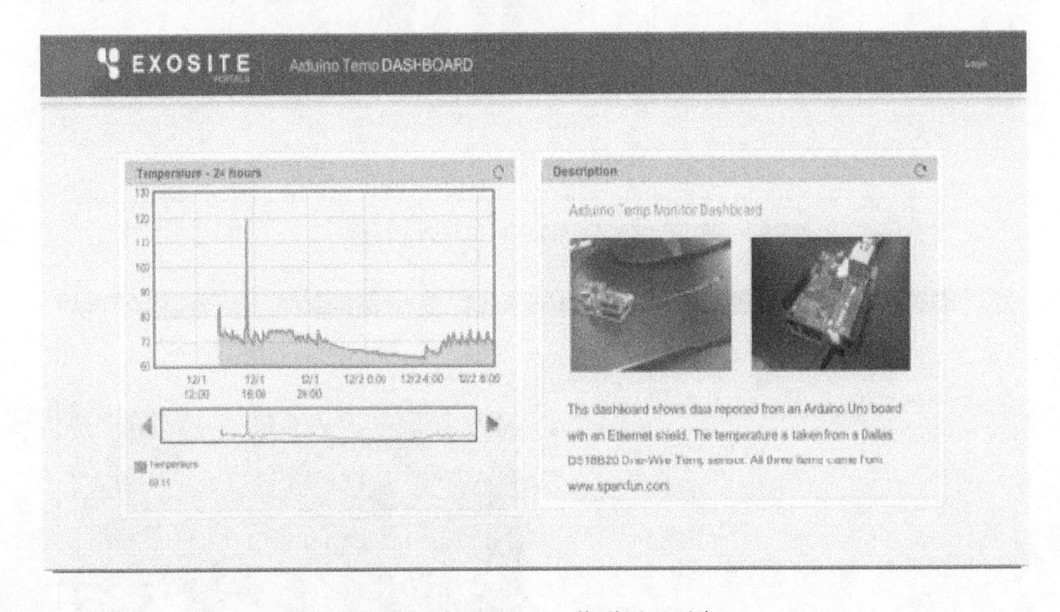

图 4.8 One platform 物联网云平台

9. SensorCloud

SensorCloud 是 LORD MicroStrain 公司打造的以数学模型为主的物联网云平台，和 GroveStreams 类似，它也是由老式的 M2M 平台转型过来的。如图 4.9 所示，SensorCloud 有如下特点。

(1) 可视化数据和报警(通过 E-mail 或 SMS)等基本功能。

（2）提供数学模型库，可以对数据进行分析和处理。

（3）LORD MicroStrain 公司生产了 MicroStrain 传感器和其他一整套物联网硬件产品。

（4）基于 HTTPS 和 SSL 的通信协议。

（5）提供支持 Python、Java、C#、C++、LabVIEW、iPhone、Android 的函数库。

（6）数据暂时只支持 CSV 和 XDR 格式。

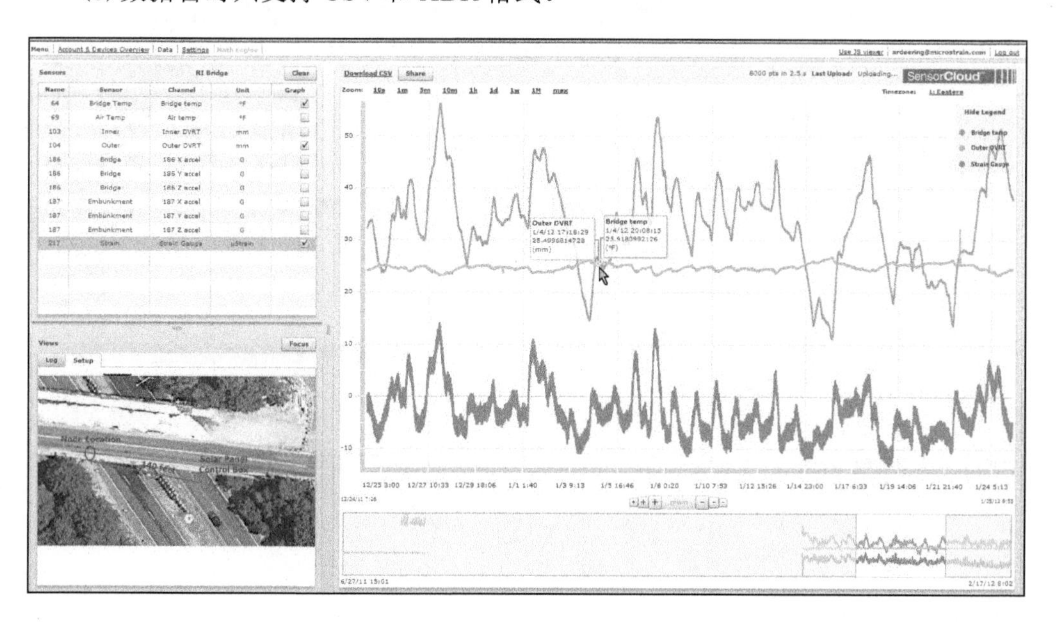

图 4.9 SensorCloud 物联网云平台

10. ThingWorx

ThingWorx 公司推出了一种非常有趣的新式开发工具，为连接设备的建立和运行提供一个完整的平台。以该平台为基础，可以快速打造适合制造、能源、食品和医疗设备、智慧城市、智能电网、农业和交通等诸多领域的应用。如图 4.10 所示，ThingWorx 物联网云平台包含如下特点。

（1）它自身不是云平台，但包含其他商家的平台、硬件函数库、分析插件、可视化功能、通信协议等，并将它们全部封装成 APP，可以单独或联合使用。

（2）ThingWorx 的 Drag & Drop 无代码混搭生成器（codeless mashup builder）让开发者和企业用户能够创建应用、实时表单控制面板（real-time dashboard）、协同工作区和移动界面、可视化编程，通过拖放的方式确定 I/O 和应用之间的相互关系。

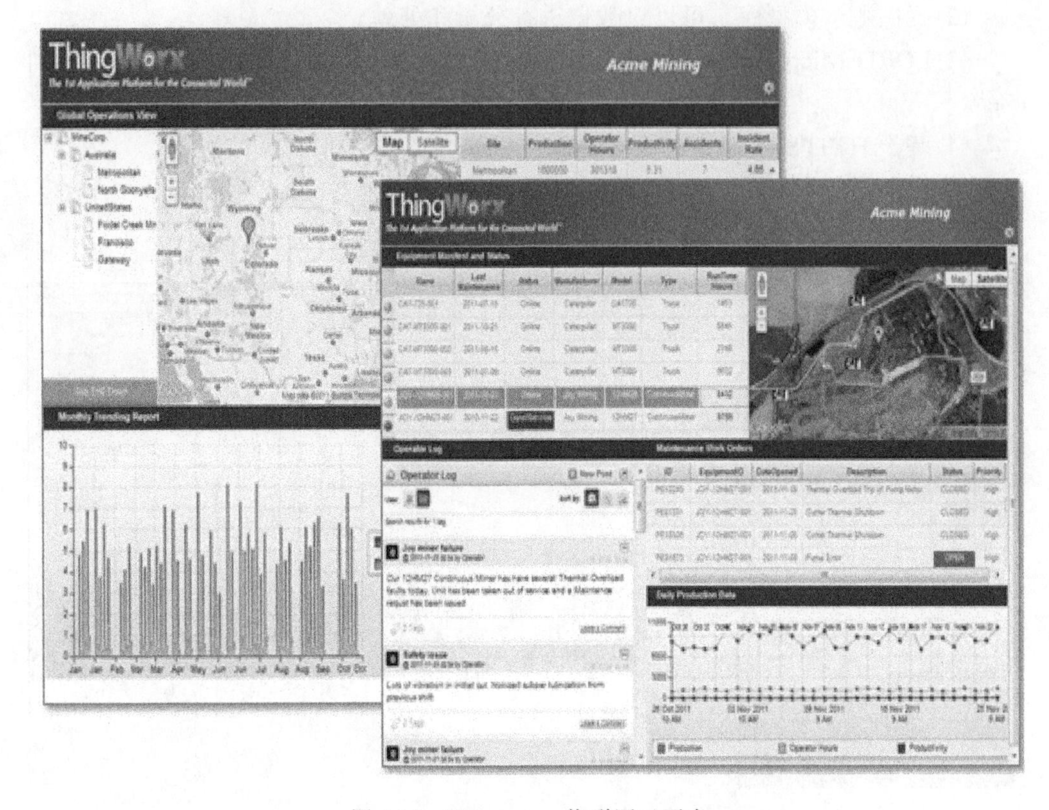

图 4.10　Thingworx 物联网云平台

(3) ThingWorx Ready 让硬件和软件公司提前利用 ThingWorx 平台整合它们的产品，极大地简化了设计和布置 M2M 解决方案的流程，结合了 ThingWorx 平台 4.0 版本诸多特征的 ThingWorx Ready 将极大地降低成本，减少了建立和传输连接装置、传感器和物联网应用的风险。

11. Yaler

Yaler 是一款完全免费且开源的物联网云平台项目，用户可以下载整个工程并修改最核心的代码(见图 4.11)，平台开发的自由度较大，因此对开发者的要求也较高。平台对主流硬件支持较好，如 Arduino、BeagleBone、Netduino、Raspberry Pi 等流行的开源硬件都可以在平台上找到对应的开发库。平台使用主流的 RESTful API 进行数据交换。值得一提的是，Yaler 平台，对 Android 和 iOS 的支持较好，方便开发者将精力集中在平台工作上。

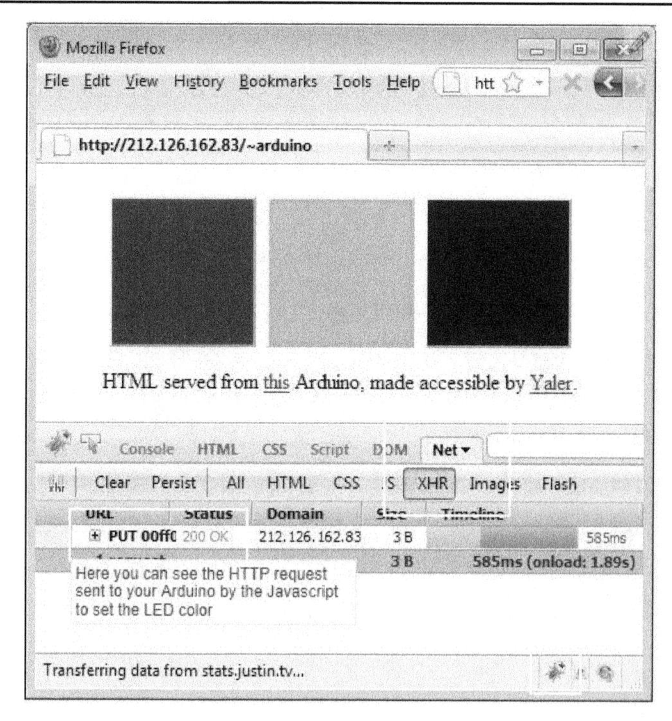

图 4.11　Yaler 物联网云平台

4.3　Xively 平台简介

4.3.1　平台介绍

对于一部分有物联网开发经验的读者，比起 Xively，可能对 Pachube 或 Cosm 更加熟悉。Xively 的原名为 Cosm，项目最早的名字是 Pachube，2007 年由设计师 Usman Haque 创建，并于 2009 和 2010 年连续两年被 ReadWriteWeb 评为十大物联网公司。Pachube 是第一个在传感器数据方面独立公开的平台，2011 年 7 月被 LogMeIn 收购，2012 年 5 月更名为 Cosm，Cosm 以“社会物联网”为目标，采用了使它的服务更加大众化和使用更简单的新设计。2013 年 5 月，Cosm 更名为 Xively。Xively 帮助用户在世界范围内连接和共享来自物体、设备、建筑和环境的感应装置的实时数据，并且创建标签。平台的主要目标是支持多个环境之间的远程互动，包括虚拟(数据)互动和实体(设备)互动。Xively 平台不仅可以存储数据，还可以把数据远距离传递到其他环境、设备和应用对象。可以把 Xivley 平台想象成一个广义的覆盖物体和环境的实时网络中枢，它能够帮用户建造“物体的互联网”。Xively 云平台实现并简化了设备、人、物品和地点信息的互联互通，提供了许多便捷的功能和工具，减少了开发者发布产品的周期，加速改变了人们体验世界的方式。Xively 的愿景就是通过它的互联网平台，连接所有物理环境中的事物。这不仅仅局限于人们认为的电子设备，如传感器、执行器等，而更多关注的是通过物连的方式连接的本体，如建筑物、汽车、座椅、茶杯等，用 Xively 官方的说法就是“能够快速感知环境并能影响你的环境”。Xively 实质上就是一个 Web of things 的平台，利用现有的互联网平台将物理世界和网络世界合二为一，最根本的一个动机就是网络的可扩展性远远高于单个的嵌入式设备(web can scale better while embedded system doesn't)，作为一个平台，它对开发者开放网络 API，这样开发者就能将自己的设备连接到 Xively 的网络平台上，发布自己的应用，存储和展示设备的实时数据。通过 Xively，环境中的各项数据会动态更新并且通过 Feed 通知给用户。

正如 Android 和苹果造就了移动市场，Xively 也为物联网架设了一个平台，该平台大大缩短了物联网产品从研发到投入市场的时间，厂商也无须再为此投入数百万美元的研发费用和组建研发团队。21 世纪的技术革命属于物联网，各种物联网产品将为企业和消费者创造巨大的价值。

4.3.2 开发库

Xively 不是最好的物联网云平台，但绝对是最适合新手入门使用的云平台，不仅因为它包含了简明易懂的操作指南，还因为平台为开发者提供了一系列的开发库，从硬件的 Arduino IDE 开发库、mbed 开发库和 Electric Imp 硬件接口库，到移动平台 Android、Objective-C(即 iOS 的开发语言)，还包含连接数据库的函数库(PHP 语言库)、Java 和 JavaScript 接口函数库、脚本语言 Python 接口库，以及 Ruby 接口库。下面对这些接口库进行简要介绍。

1. Arduino

这个库的作用是让 Arduino 系列的硬件可以轻松地和 Xively 物联网云平台“对话”，让 Arduino 将传感器的数据上传到 Xively 云平台，并从平台上下载数据控制设备。该库在本书的 3.2.3 节介绍过，其实质是 Arduino 的函数库封装体，将文件下载到 Arduino 根目录文件夹 libraries 下后，用户就可以导入该库，并调用库内的函数实现硬件与云平台的对接。

基本功能：上传数据和下载数据。

硬件要求：Arduino 主控板、WiFi 模块或以太网模块。

具体的代码实现会在后面的章节详细介绍。

2. ARM mbed

在介绍该库前，先介绍 ARM 生产的 mbed 硬件(见图 4.12)，它由一个小巧而实用的双列直插式封装(dual intine package，DIP)封装了一个 32 位的 ARM 处理器和一整套外围设备，并内置 USB 接口，它设计的目的是方便用户使用 ARM 微处理器进行快速的原型开发和实验。

图 4.12　ARM mbed

Xively-mbed 库包含四部分，其中有两个例子，一个是 mbed 快速上手的例子，非常简单，另一个是使用 mbed 作为硬件平台，Xively 作为云平台，实现硬币计数器的例子；另外两部分是 mbed 的接口库，其功能与 Arduino 函数库类似，这里就不再赘语了。

3. Electric Imp

Electric Imp 是一个基于云的自动化方案，监控并管理用户拥有的所有东西。它的特点在于通过减少复杂性来解决难题，用户可以安装一个小型的 Imp 卡(类似于 SD 卡，如图 4.13 所示)，与家庭 WiFi 相连，通过 Imp 的云服务控制设备，每台家用设备都能立即识别其他设备并能相互“交流”，用户则可以在世界任何角落使用浏览器或者智能手机控制家庭设备。代价是用户需要改造现有的设备，即添加一个 Imp 插槽，然后插上一个 Electric Imp 卡即可上网，而改造的费用不超过 1 美元。

图 4.13　Electric Imp

Xively 提供的 Imp 库包括 3 个例子和一个 Imp 函数库，例子包含与 LCD 连接，上传数据和下载数据，基本上包含了大部分的常用电器，用户可以直接在例子上修改以实现自己的电器连接网络。Imp 函数库则提供了更大的自由度，用户可以使用它实现高级的功能或数个功能的组合。

4. C 语言

如果说上面 3 个库都针对特定的硬件，那么这个库就具有普遍性了，因为它是使用纯 C 语言编写的库，适合各种底层的硬件设备，支持 POSIX 和实时操作系统的单片机等。因此，Xively 的 C 库封装了常用的方法，使用户能够在一个嵌入式系统级芯片(system on a chip，SoC)或 MCU 器件上实现非常实用的 Xively 云平台代理应用。

由于涉及底层硬件，又要考虑到通用性，所以 C 库的设计比较复杂。它的架构包含 3 个独立的层：通信层、传输层和数据层。分别对应硬件接口(socket)的处理和数据的采集、HTTP 传输和 CSV 或 JSON 数据的格式。

5. Android

如果要支持移动平台开发，为 Android 系统提供的库是必不可少的。Xively 为 Android 提供的库实质上是一套演示的工程文件，在该演示中，实现了 Android 设备与 Xively 平台的数据交换。工程包含 3 个文件夹：demo、server 和 test。用户在使用时只需要将 demo 中对应的设备 ID 和用户 API 改为自己的，就可以观察到结果了，使用非常方便。server 为整个应用提供 HTTP 连接服务，而 test 的功能则是生成动态链接库。

6. Objective-C

Objective-C 是扩充 C 的面向对象的编程语言。它的用途是编写 iOS 操作系统设备(如 iPhone、iPod touch、iPad 等苹果移动终端设备)的应用程序。Objective-C 的流行应归功于 iPhone 的成功，因为 Objective-C 一直用于编写 iPhone 应用程序。

Xively 的 Objective-C 库在使用时需要预装 AFNetworking 和 SocketRocket，并将它们添加到工程文件中。与 Android 库类似，Objective-C 库中也有演示程序，用户只需要将设备号和用户 API 改为自己的，就可以快速生成 APP 并看到结果。

7. PHP

Xively 对于 PHP 语言的支持库从理论上支持了各种网络的要素，如网页、数据库等，特别是对于 MySQL、PostgreSQL 等数据库的支持。这就满足了部分用户将物联网云平台的数据备份到本地数据库的需求。

感兴趣的用户可以尝试搭建 Apache + PHP5 + PostgreSQL 的数据库环境，然后使用 Xively 的 PHP 库将数据同步到本地的 PostgreSQL 数据库，用户就可以搭建网页来显示这些数据，还可以使用应用程序连接数据库从而可以脱机使用数据。

8. Java

Java 库设计的目的就是让各种不同类型的应用通过简单的设置连接到 Xively 云平台上。官方称它们的 Java 库是一个全功能的库，将各种功能都连接到了 Xively 云平台上，具有全面的、自包含的特性，所以用户只需要将它接入自己的应用中就可以立即使用。该库是为 Xively 云平台 API 设计的 REST 风格的 Java 客户端，它使用 Apache HTTPComponent 处理 HTTP 请求，使用 JSON 格式与 Xively 平台交换数据。

9. JavaScript

Xively 的 JavaScript 库的主要功能是在动态的网页上创建数据实时可视化控件、数据交互接口控件和 GUI。用户可以在自己制作的网页上利用该库直接从 Xively 云平台上读取数据，并根据数据制作各种图表、曲线、仪表盘等各式各样的可视化效果。

10. Python

Xively 官方库对于脚本语言的支持非常全面：支持接入 Django 创建 Web 应用后台数据，NumPy 和 Matplotlib 等科学计算工具的数据，以及可以连接使用 Linux 系统的超级计算机，甚至是 Raspberry Pi 和 BeagleBone 等卡片式计算机。

4.3.3　优秀的扩展性

通过 4.3.2 节的介绍，读者应该对 Xively 强大的接口特性留下了深刻的印象，但作为一款起着承上启下作用的物联网云平台，Xively 的功能远不止于此。不同专业领域的用户可能会有不同的使用方式，这其实就是物联网在不同领域的应用。下面介绍一些 Xively 官方推荐的扩展应用。

1. Xively 与 SensMap 的整合

传感器数据及其参数的可视化具有至关重要的意义，仅有数据而没有参数基本是没有任何意义的。在众多参数中，有 3 个最基本的参数应该可视化：数据代表什么，什么时间测量的和在哪里测量的。SensMap 就是一个可视化平台，其主要目标就是用最直观、最简单的方法实现这些任务。

SensMap 是 Wislab 实验室研发的一个基于位置的可视化服务平台。它的实质是建立在 Xively 顶部的可视化框架，其功能包括提供室外传感器节点表示(使用谷歌地图)，建筑物内的传感器节点可视化(使用 CAD 图)和拓扑关系透视图(显示一组无线链路，用其节点来表示传感器之间的相互关系和无线网络的信号质量)。

如图 4.14 所示，SensMap 是整个物联网架构的应用层，用户首先通过 Arduino、Electric Imp 等硬件收集数据，再通过 Internet 将数据传输到物联网云平台 Xively 上，接着 SensMap 从云平台上读取数据，分析这些数据的时间、空间和属性信息，最后用最易于用户理解的方式可视化到地理信息平台上，提供给终端用户使用。

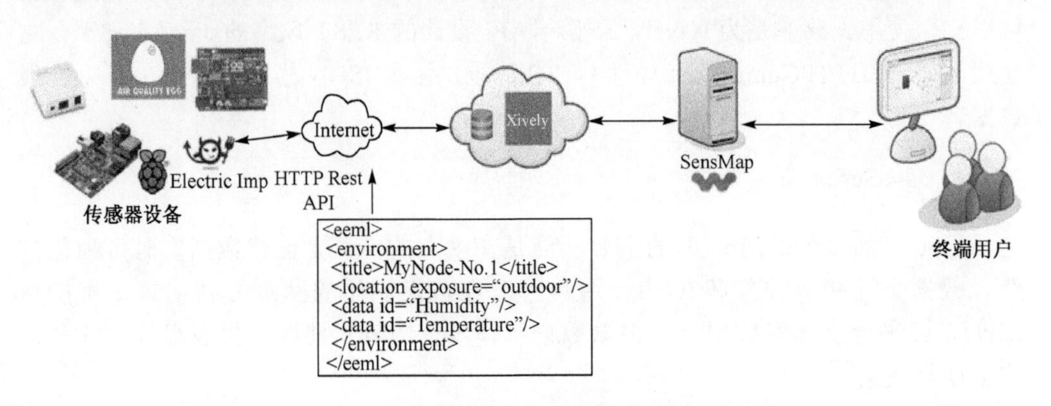

图 4.14　SensMap 数据流程图

这个应用就是典型的物联网在环境监测领域的应用，用户可以方便地观察到传感器的位置、相互关系和无线信号强度等信息，这就极大地方便了用户对于传感器的监测和管理，改变了以往只能通过数据库界面管理带来的不便。

2. Xively 与 Zapier 的整合

Zapier 是一种 IFTTT(If This Then That)的网络服务平台，方法是通过 *A* 网站的某项操作 *x* 自动触发 *B* 网站的某个操作 *y*。This 所要进行的操作称为 Trigger(触发器)，也就是在某个网站或应用的操作行为；而 That 则意味着连锁反应所带来的另外一个网络行为 Action(动作)。这些 Trigger 和 Action 都需要依托一定的网站或应用，IFTTT 称它为 Channel(频道)。用户所要完成的整个“If This Then That”举措则定义为 Task(任务)。

举例来说，在 Zapier 上，用户通过创建并执行任务的方式实现网络连锁反应，例如，刚刚存储了一张照片到印象笔记应用上，并打上了标签 abcd，那么在微信账户将自动发送一条朋友圈消息，文字为前面的 abcd。当然前提是设定了相关的连接。只要相关的应用程序提供了 API 接口，这种连接就可以随意组合。

这种特性在物联网的应用中是非常有用的，因为在物联网的实际应用中，往往会遇到当传感器的值到达某一设定值时，要发出警报或通知相关责任人等情况。Zapier 就可以实现上述的自动触发功能，例如，当传感器的收集数据达到某个触发条件时，根据用户设定的触发应用不同，可以发送 SMS、tweet 或 E-mail 到指定的账户和地址。

目前，Zapier 已经可以支持 250 个以上的应用，其中比较著名的包括 Gmail、Google 日历、印象笔记、Dropbox、GitHub、Twitter、FaceBook 等，这里就不一一列举了，具体的使用方法和一些比较有技巧的触发方式将会在第 7 章中详细介绍。

3. Xively 与 Salesforce 的整合

Salesforce 是创建于 1999 年 3 月的一家 CRM 软件服务提供商，官方宣称可提供随需应用的客户关系管理(On-demand CRM)，允许客户与独立软件供应商定制并整合其产品，同时建立他们各自所需的应用软件。对于用户，可以避免购买硬件、开发软件等前期投资和复杂的后台管理问题。二次开发方面，Salesforce 使用统一的架构，使得所有上层的 SaaS 服务都依赖 Salesforce 的 API，这样将有效地确保 API 的稳定性并避免了重复，从而方便用户和 Salsforce 在这个平台上开发应用。

Xively 在官网上发布了其在 Salesforce 上创建的 SaaS 的服务组件，并推荐使用 Xively+Heroku+Salesforce 的方式建立物联网商业管理平台。Heroku 是可支持多种编程语言的 PaaS 平台。现隶属于 Salesforce，并作为一个 PaaS 模块供开发者使用。因此使用 Salesforce 作为基础平台，Heroku 作为 PaaS，Xively 作为 SaaS 是打造物联网商业化平台较为优化的组合，如图 4.15 所示。

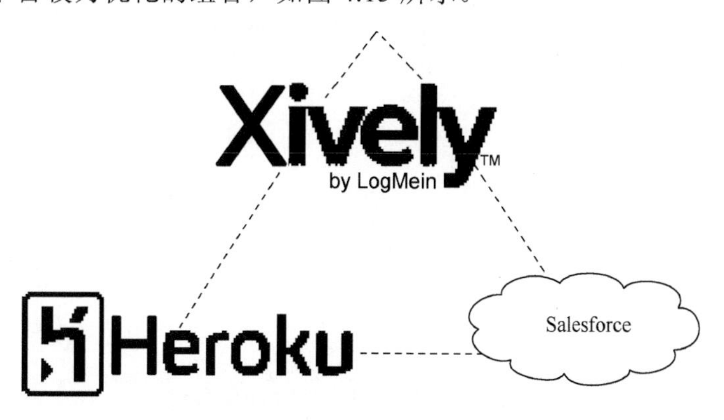

图 4.15　Xively+Heroku+Salesforce

将物联网平台与 CRM 结合可以有效地将产品、服务和市场结合起来，这就给了营销和运营部门一双“慧眼”，让他们更好地了解产品和服务在市场中的状态，以及客户是如何使用这些产品和服务的。CRM 是从不同的组织内部各个群体收集信息并转化为有价值的商业信息的基本工具，而 Xively 让产品和服务有踪可循，将商业和 CRM 更加深入地进行了集成。具体应用可以涉及零售、制造、生产、医疗、农业和能源等多方面，给这些传统产业带来革命性的变化。

第 5 章 Xively 与 Arduino 的连接与基本使用

通过前面部分的学习，相信用户已经了解了如何使用 Arduino 和传感器采集环境信息，本章将介绍如何存储和使用采集的数据，这些数据如何传送到物联网云平台，以及物联网如何使用这些数据。

本节重点

- Xively 物联网云平台的使用
- Xively 物联网云平台与硬件 Arudino 的数据交换

5.1 开始使用 Xively 平台

5.1.1 如何注册用户

在使用 Xively 物联网云平台之前，用户需要拥有自己的账号、设备、通道等，下面就从注册用户账号开始，一步一步讲解如何使用 Xively 物联网云平台。

(1) 首先登录 Xively 的网站 (https://xively.com)，单击右上角的"GET STARTED"按钮，来到如图 5.1 所示的界面。

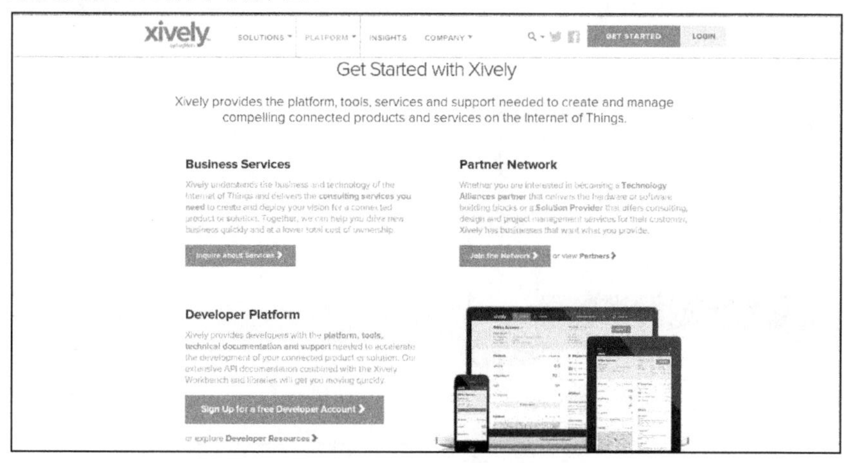

图 5.1 准备开始界面

(2) 然后单击“Sign Up for a free Developer Account”来注册新用户，网页会跳转到如图 5.2 所示的页面，用户需要输入用户名和密码，需要注意的是填写的 E-mail 地址必须正确，因为注册后会收到一封激活邮件，账号只有在激活以后才可以使用。如果用户没有收到邮件，可以在垃圾邮件文件夹中找一下。

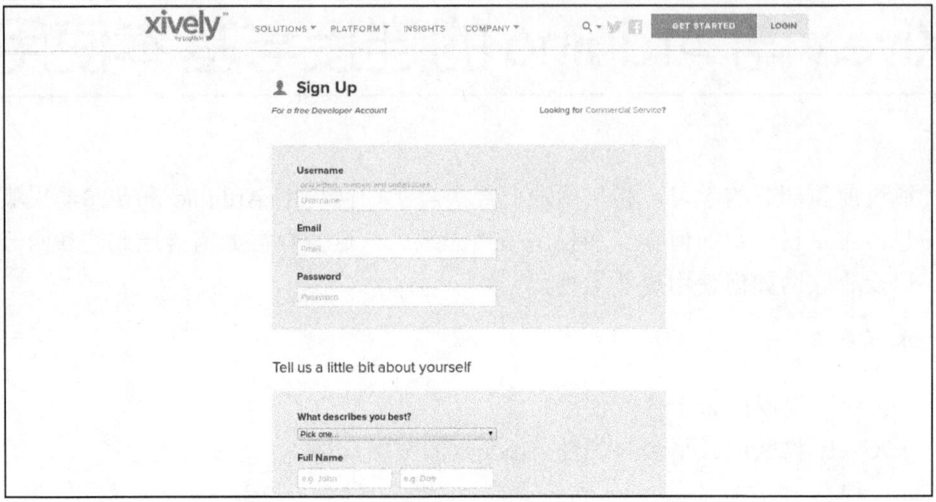

图 5.2　用户注册页面

(3) 注册并激活成功后，就可以使用注册的用户名登录了。登录后会跳转到如图 5.3 所示的界面，该界面有两个选项，一个是“Take Test Drive”，另一个是“Get started right away”。前者是 Xively 官方为新手准备的一个手机连接云平台的 demo，有兴趣的用户可以体验一下，只要按照提示一步一步做，会有一个有趣的结果；后者适合对于 Xively 比较熟悉的用户。

图 5.3　登录后界面

至此，已经完成了用户的注册，在 5.1.2 节，会继续介绍如何在云平台中添加一个新的设备。

5.1.2　如何添加设备

(1) 在图 5.3 中单击“Get started right away”或者在用户界面单击“Develop”，就会跳转到如图 5.4 所示的页面。

图 5.4　设备添加页面

(2) 然后单击“+Add Device”就可以添加设备了(见图 5.5)。

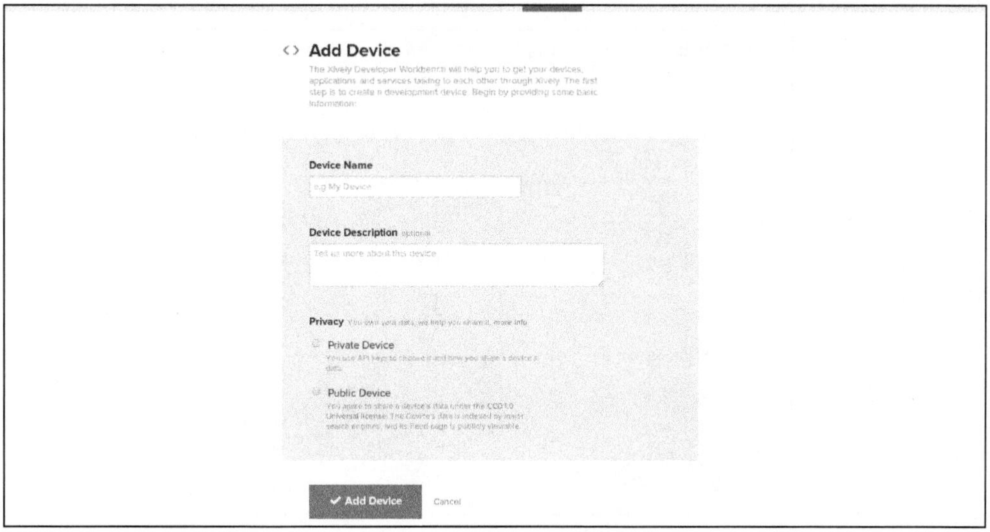

图 5.5　添加虚拟设备

(3) 这里需要添加设备名称、设备描述和设备的隐私性。需要注意的是，设备的隐私很重要，如果选择了“Public”即公开，那么传感器就有可能在网上公开并被主流的搜索引擎搜索到，如果选择了“Private”，那么设备信息就只有通过 API 唯一识别后才能读取。虚拟设备界面如图 5.6 所示。

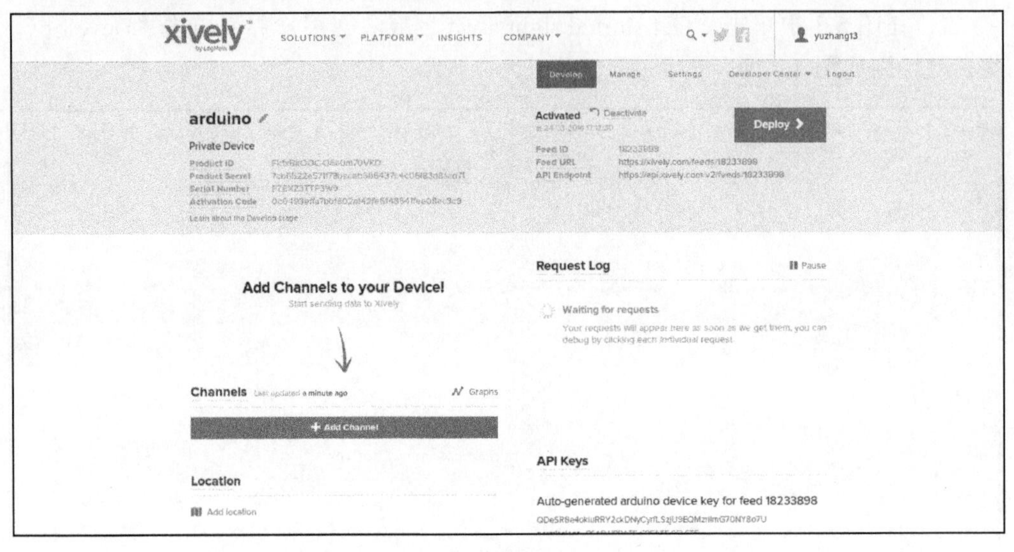

图 5.6　虚拟设备界面

(4) 接下来就需要添加 Channels 了。Channels 既可以理解为一个硬件设备上的不同数据输出(如一个 Arduino 上面连接了多个传感器)，也可以理解为多个硬件设备的不同输出(即多个 Arduino 上的传感器)。单击“+Add Channel”跳转到如图 5.7 所示的界面。

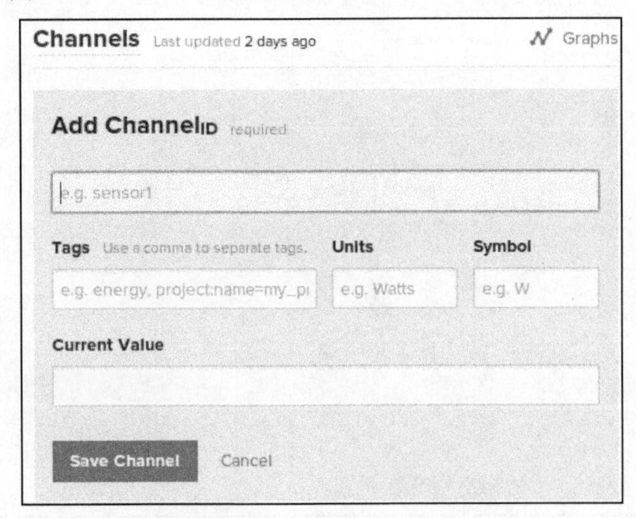

图 5.7　添加 Channels

(5) 读者需要注意，ChannelID 是唯一识别该数据的标识，在之后数据的调用中用来唯一识别该数据，其他属性包括 Tags，即该数据的标签，用于搜索；Units，即单位，如摄氏度；Symbol，即单位的缩写，如℃。

至此，虚拟设备的创建就完成了，但是如图 5.8 所示，设备数据库中并没有数据，下面，将介绍如何将物理世界的传感器数据接入物联网云平台中。

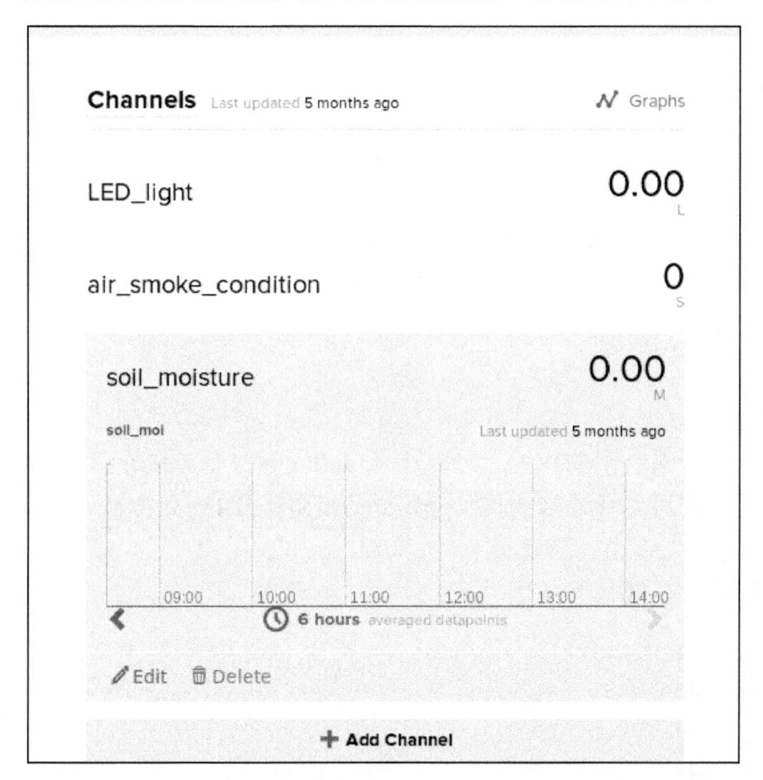

图 5.8　虚拟设备创建完成

5.1.3　如何挂接真实世界的设备

1. 硬件连接

本节介绍如何将真实的传感器数据接入云平台中，用到的硬件如下。

(1) Arduino UNO 一块。

(2) XBee 扩展板一块。

(3) ArduinoWiFi Shield 一块。

(4) 土壤湿度传感器一个。

(5) 杜邦线数根。

土壤湿度传感器是模拟传感器，因此需要将传感器的 S 口接入 Arduino 的 A2 模拟口，接着将传感器的+、-接口分别接入扩展板的 5V 口和 GND 口。

2. 编程环境配置

(1) 需要下载 Xively 官网的库，下载地址为 https://github.com/xively/xively_arduino/archive/master.zip。

(2) 找到 Arduino 的安装目录，将解压后的文件夹放到一个名为 libraries 的文件夹中。如果找不到该文件夹，用户可以在 Arduino 软件的根目录中新建一个。

(3) 下载 Arduino 的 HTTP 客户端库，下载地址为 https://github.com/amcewen/HttpClient/archive/master.zip。

(4) 用与 Xively 的官方库相同的处理方法，将 HTTP 库解压后放到 libraries 文件夹中。

3. 软件编程

下面通过对 Arduino IDE 进行编程来实现读取传感器数据到云平台的功能。本段代码提供了一个最基本的功能，可以让 Arduino 通过 A2 接口读取任何模拟口的传感器数据，用户可以通过修改代码开始处的变量来 DIY 数据输入接口、WiFi 名称和密码，以及自己虚拟设备的 Key 和 Feed。

下面先给出完整的代码。

```
#include <SPI.h>
#include <WiFi.h>
#include <HttpClient.h>
#include <Xively.h>
char ssid[]="LOFT_MEDIALAB";
char pass[]="12345678";
int keyIndex=0;
int status=WL_IDLE_STATUS;
char xivelyKey[]="hmMKT2C7VpjLTezlfAieRNMGu8Rxxxxxxxxxxx";
#define xivelyFeed 115642xxxx
char sensorID[]="soil_moisture";
#define sensorPin A2
XivelyDatastreamdatastreams[]={XivelyDatastream(sensorID, strlen
(sensorID),DATASTREAM_FLOAT),XivelyDatastream(ledID,strlen(ledID),
DATASTREAM_FLOAT), };
feed(xivelyFeed, datastreams, 1 /*number of datastreams*/);
WiFiClient client;
```

```
XivelyClient xivelyclient(client);
void printWifiStatus()
{
Serial.print("SSID:");
Serial.println(WiFi.SSID());
IPAddress ip=WiFi.localIP();
Serial.print("IP Address:");
Serial.println(ip);
long rssi=WiFi.RSSI();
Serial.print("signal strength (RSSI):");
Serial.print(rssi);
Serial.println("dBm\n");
}
void setup()
{
Serial.begin(9600);
pinMode(sensorPin, INPUT);
Serial.println("Starting single datastream upload to Xively…");
Serial.println();
while(status!=WL_CONNECTED)
{
Serial.print("Attempting to connect to SSID:");
Serial.println(ssid);
status=WiFi.begin(ssid, pass);
delay(10000);
}
Serial.println("Connected to wifi");
printWifiStatus();
}
void loop()
{
int sensorValue=analogRead(sensorPin);
datastreams[0].setFloat(sensorValue);
Serial.print("Read sensor value");
Serial.println(datastreams[0].getFloat());
Serial.println("Uploading it to Xively");
int ret=xivelyclient.put(feed, xivelyKey);
Serial.print("xivelyclient.put returned");
Serial.println(ret); Serial.println("");
```

```
Serial.print("Test:");
Serial.println("");
Serial.println(feed.id());
delay(15000);
}
```

在代码起始处定义了一系列的变量，WiFi 的名称和密码需要替换成用户实际的 WiFi，虚拟设备的 API、Feed 以及 sensorID 可以在图 5.6 中找到，sensorID 即 channelID，图 5.8 中的 LED_light、air_smoke_condition、soll_moisture 即 channelID。接下来定义传感器的输入接口为模拟口 2，然后定义一个 Xively 的数据流 Datastreams，并放进结构体 Feed 中，然后定义一个 Xively 的客户代理 xivelyclient，使用 WiFi 代理 client 作为参数。接着定义函数 printWifiStatus，其主要功能是在串口输出无线网络的连接情况，本书在 3.3.1 节中已经详细地介绍过，所以这里不再赘述。

函数 setup 即初始化，其完成的功能依次是：设置串口的波特率、设置传感器的接口类型为输入和连接无线网并调用函数 printWifiStatus 在串口输出连接状态。

然后在循环函数 loop 中，首先将传感器数据读入、放入 datastreams 中并在串口中显示，接着使用 Xively 代理的 put 函数将数据上传到 Xively 云平台，返回值存储到变量 ret 中，如果上载成功则 ret 为 true，否则 ret 为 false，最后设置每隔 15s 采样一次，云平台的数据显示如图 5.9 所示。

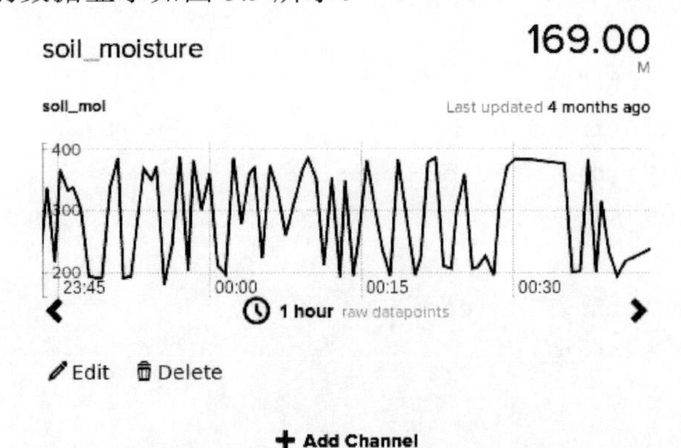

图 5.9　云平台的数据显示

至此，虚拟设备和物理设备就连接在一起了，有兴趣的读者可以添加一些更加实用的功能，如采集 10 个值取平均值，或者过滤偏差过大的值等。

5.2　Xively 的 API 介绍

Xively 是一个物联网的平台服务云(PaaS)，它简化了设备、数据、人员和地点的互连，加快了物联网概念的落地，改变了人们的生活方式。而 Xively 云平台的所有服务(包括信息、数据存储、配置和目录服务等)都可以通过其提供的 API 实现。Xively 云平台的网络应用都可以使用该 API，通过开发工作台和管理控制台对物理世界的实体进行生命周期的控制和管理。

5.2.1　API 资源和属性

在介绍具体的 API 之前，有必要先了解一些 Xively 云平台 API 的基本规则。Xively 云平台包括 7 个资源，它们分别是 Product、Device、Key、Feed、Trigger、Datastream 和 Datapoint。包括 6 个方法，分别是 Read、Update、Create、Delete、Activate 和 List All。云平台可以支持的数据格式包括 JSON、CSV 和 XML，如果用户在使用时不特殊指定使用哪种格式，则系统默认使用 JSON 格式。

1. API 资源

(1) Key：就是开发者的 API Key，一个账户可以申请多个 API Key，用户还可以给 Key 设置属性，包括只读、可写、创建和删除等权限。

(2) Feed：实际上就是一个虚拟设备，一个 Feed 包括一个或多个 Datastream，即一个虚拟设备可以包含多个传感器。

(3) Device：虚拟设备在开发工作台就叫做 Device。

(4) Product：虚拟设备从开发工作台升级到管理控制台就变成 Product，关于开发流程，本书会在第 6 章中详细介绍。

(5) Trigger：触发器，即数据满足某个条件后，设定云平台作出某个反应，关于触发会在本书的第 8 章中详细介绍。

(6) Datastream：实质是一个虚拟设备上的传感器，一个 Datastream 包括一个或多个 Datapoint，即一个传感器可以有一系列时刻的数值。

(7) Datapoint：某个时刻的传感器数据，可以说是单位最小的数据流。

2. API 方法

(1) Read：从云平台上获取数据，根据不同的组合和参数，可以读取一个设备，一个或所有传感器的数据，也可以读取元数据(如位置、ID 等)，还可以读取历史数据。

(2) Update：即将传感器的数据写到云平台上，功能和 Read 刚好相反，但使用方法类似。

(3) Create：创建一个新的对象，根据不同的组合和参数，可以新建一个虚拟设备、传感器、触发条件或 API Key 等。

(4) Delete：删除已有的对象，根据不同的组合和参数，可以删除虚拟设备、传感器通道、触发条件或 API Key 等。

(5) Activate：激活一个处于未激活状态的设备，通常在设备从开发工作台转化到管理控制台的时候使用。

(6) List All：列出所有设备或传感器数据通道、API Key、触发条件等。

3. 使用方法

在了解了以上这些基本的属性和方法后，就可以利用 API 来做一些简单的实验了。这里使用最简单和最直接的 cURL 脚本进行演示，运行环境为 Ubuntu13.04。

实验目的是从云平台获取刚才的土壤湿度数据(soil_moisture)。打开终端，输入以下指令。

```
cURL --request GET\
--header "X-ApiKey: hmMKT2C7VpjLTezlfAieRNMGu81RM8x9OwRxxxxxxxxx"\
--verbose\
api.xively.com/v2/feeds/115642xxxx/datastreams/soil_moisture
```

如果一切正常，会看到如下结果。

```
* About to connect() to api.xively.com port 80(#0)
* Trying 216.52.233.120…
* Connected to api.xively.com (216.52.233.120) port 80(#0)
> GET/v2/feeds/115642xxxx/datastreams/soil_moisture HTTP/1.1
> User-Agent: cURL/7.29.0>Host:api.xively.com>Accept:*/*
> X-ApiKey:hmMKT2C7VpjLTezlfAieRNMGu81Rxxxxxxxxxx
>
< HTTP/1.1 200 OK
< Date:Wed, 26 Mar 2014 13:39:43 GMT
< Content-Type:application/json;charset=utf-8
< Content-Length:199<Connection:keep-alive
< X-Request-Id:33422cec0c01b7570ff160d427d07cc86c6342bc
< Cache-Control:max-age=5
< X-Licence:http://creativecommons.org/publicdomain/zero/1.0/
< Vary:Accept-Encoding
< *Connection #0 to host api.xively.com left intact{"id":"soil_
moisture","current_value":"169.00","at":"2013-11-29T02:16:39.963874Z",
"max_value":"663.0", "min_value":"0.0", "tags":["soil_moi"],
"unit":{"symbol":"M", "label":"Tsinghua"}, "version":"1.0.0"}
```

从输出结果可以看到，已经成功地和 API 服务器 api.xively.com 建立了连接，并用 HTTP 的 GET 方法获取/v2/feeds/11564xxxxx/datastreams/ soil_moisture 的内容，

其中 11564xxxxx 就是实验使用的虚拟设备 ID，而 soil_moisture 就是该虚拟设备中传感器的 ID。获取成功后，最终从云平台返回了 JSON 格式的数据，其中 current_value 就是所需要的现在时刻的土壤湿度传感器的值。

其他的方法其实是一样的，将 GET 换成 PUT 是写入，需要相应地在 request 和 header 之间添加一行数据“data’{"current_value":"1"}’\”即可。创建和删除对应的 HTTP 命令是 POST 和 DELETE。

5.2.2 历史数据

在实际使用中，用户需要的往往不是一个时间点的数据，而是一段时间的历史数据。本节介绍如何获取一个指定时间段的数据。

同样，由于是获取数据，所以还是使用 GET 的方法，API 服务器也不变，需要进行改变的是发送给服务器的 URL，即/v2/feeds/11564xxxxx/datastreams/soil_moisture 部分，获取历史数据需要在传感器 ID 即 soil_moisture 后面加“？range”，range 可以是以下某个参数。

(1) start=timestamp。

(2) end=timestamp。

(3) start=timestamp&end=timestamp。

(4) start=timestamp&duration=time_unit。

timestamp 为某个确定的时间点，遵照 ISO 8601 的标准格式，如 2014-03-27T11:01:46Z。

time_unit 是采样的时间间隔，可以使用以下参数。

(1) seconds。

(2) minute(s)。

(3) hour(s)。

(4) day(s)。

(5) week(s)。

(6) month(s)。

(7) year(s)。

下面用一个简单的实验来说明，对云平台发送以下代码。

```
cURL --request GET\
--header "X-ApiKey: hmMKT2C7VpjLTezlfAieRNMGu81RM8x9OwRxxxxxx"\
--verbose\
api.xively.com/v2/feeds/11564xxxxx/datastreams/soil_moisture?s
tart=2013-11-29T11:01:46Z&duration=6hours&interval=0
```

服务器会返回以下的JSON数据。


```
{
"id":"soil_moisture",
"current_value":"169.00",
"at":"2013-11-29T02:16:39.963874Z",
"max_value":"663.0",
"min_value":"0.0",
"datapoints":[
{
"value": "289",
"at": "2013-11-29T20:12:01.902763Z"
},
{
"value":"346",
"at":"2013-11-29T20:12:28.838561Z"
}
.
.
.
]
"tags":["soil_moi"],
"unit":{"symbol":"M", "label":"Tsinghua"},
"version":"1.0.0"}
```


Xively云平台返回了一系列的数据值和对应的时间点，存储在Datapoint的数组中，由于数量过多，这里就不一一列出了。

需要注意的是，请求查看的历史数据的区段不能超过6个小时，可以要求查看两周前某个时刻开始6个小时的数据，但是不能查看从那时开始到现在所有的数据。如果想查看所有的数据，则需要多个独立的API，每个API查看6个小时的区段；而且系统在返回某个时间点的数据时采用的是一种简单的采样方法，即返回请求时间点最近的上一个有数据的时间点的数据，因此，这种方法不适合噪声很多的数据和间隔过大的数据。

5.2.3 搜索设备

建立物联网云平台的最终目的是让所有人可以平等、便捷和公开地发现并使用智能设备。为了实现这个目标，Xively在设计时专门留出了搜索接口，即用户在创建设备时，如果选择可公开(在本书的 5.1.2 节曾经介绍过)，那么这个设备就可以被主流的搜索引擎或 Xively 的 API 的搜索命令搜索到，如果用户设置该设备的权限是可编辑，那么其他用户还可能修改或删除该设备。

从长远来看，设备的搜索功能是很有价值的，如果用户到了一个陌生的地方，掏出手机并搜索公共智能设备，就有可能使用打印机、了解当地的温度和 PM2.5 值、自动租车等。下面来实际了解一下具体如何使用 Xively 云平台的设备搜索功能。

搜索方式分为两种，一种是条件搜索；另一种是基于位置的搜索。

1. 条件搜索

条件搜索的接口使用非常简单，先举个例子，代码如下。

```
cURL --request GET\
--header "X-ApiKey: hmMKT2C7VpjLTezlfAieRNMGu81RM8x9OwRxxxxxx"\
--verbose\
api.xively.com/v2/feeds? q=arduino
```

这个命令的作用就是搜索所有公开设备中，关键词含有 arduino 的设备，可以看出与获取数据的命令相比，其他地方都一样，只不过给服务器发送的 URL(最后一行)有区别，其中，q 是参数，arduino 就是用户给出的关键词。除了 q，XivelyAPI 还给出了许多搜索相关的参数。

tag：在公开设备的标签中搜索关键词，如 tag=temperature。

user：允许按照设备的创建人名字进行搜索，如 user=yuzhang。

units：按照传感器数据的单位进行搜索，如 units=celsius。

status：按传感器的状态搜索，状态包括 live、frozen 和 all，如 status=frozen 就是搜索未激活的设备。

需要注意的是，如果要加多个限定条件，之间要用“&”分割，如搜索关键词为 arduino，用户为 yuzhang 且处于激活状态的设备，那么发送给云平台的 URL 应该是 api.xively.com/v2/feedsq=arduino&user=yuzhang&status=live。

2. 基于位置的搜索

与关键词搜索类似，基于位置的搜索包含 4 个参数。

lat：搜索中心的经度。

lon：搜索中心的纬度。

distance：搜索范围的半径。

distance_units：搜索范围半径的单位，包括 mile 和 km，后者是默认参数。

与关键词搜索不同的是，基于位置的搜索需要以上除了 distance_units 外的其他 3 个参数，如用户要搜索以某个地点为中心，5 km 为半径的设备，那么发送给云平台的 URL 应该是 api.xively.com/v2/feedslat=63.0&lon=120.0& distance=5。

5.3 Arduino 与 Xively 交换数据

读写数据是 XivelyAPI 的核心功能，而对于数据的管理是 Xively 云平台的主要功能，它能够让用户更加轻松地在硬件、应用和服务三者之间交换数据。

在详细介绍前，读者有必要了解 XivelyAPI 支持的 3 种读写数据的资源：Feed、Datastream 和 Datapoint。官方提供的关系图(图 5.10)形象地说明了这三者的关系。

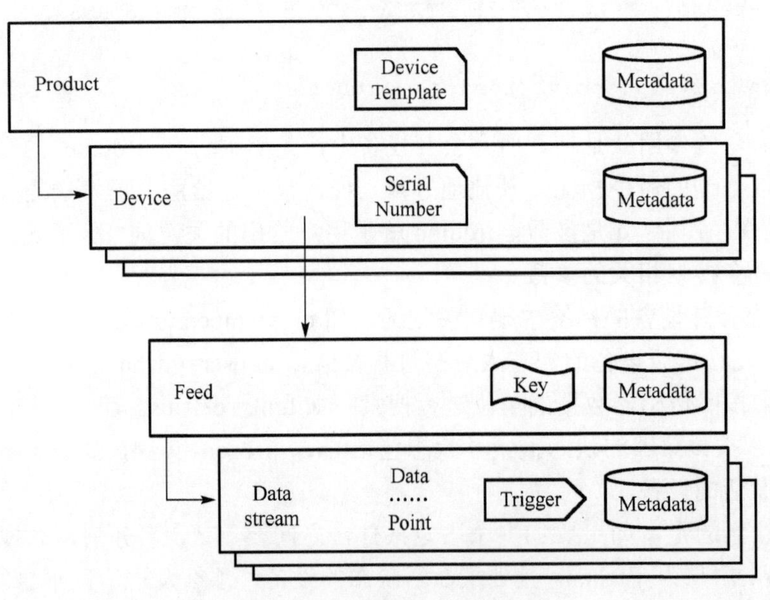

图 5.10 Xively 云平台数据关系图

Feed 是传感器数据通道(Datastream)的集合体。除传感器数据外，Feed 还包括许多元数据，如位置、标签、是否是真实的物理设备、移动还是固定设备以及室内还是室外等，所以每个 Device 都对应着一个 Feed。

Datastream 就是一个数据通道，这个数据通道可以对应一个硬件传感器设备，也可以对应一个应用程序的输出数据，甚至是一个服务的输出数据。每个 Datastream 代表一种特定的数据，有自己的属性、单位和信息。但 Datastream 是依附在一个 Feed

上的，如果后者被删除，那么前者也会消失。如果 API 将数据写入一个没有指定 Feed 的 Datastream 中，系统会自动创建一个 Feed。

Datapoint 代表了 Datastream 上某个时刻的数据值，它的数据结构很简单，只包含一个时刻和该时刻对应的值。

本节将介绍以下几个问题。

(1) 如何在 Datastream 上写入一个或多个 Datapoint。

(2) 如何读取一个设备上所有的数据通道。

(3) 如何读取数据通道的最新数据和元数据。

(4) 如何删除设备、数据通道或某个时间点的数据。

5.3.1　如何从 Xively 平台获取数据

让硬件或服务读取云平台的数据，然后根据数据的不同作出不同的反应，就可以通过云平台控制硬件。XivelyAPI 提供 4 种方式读取数据或元数据，即读取单个 Datastream，读取单个 Feed，读取一段时间的历史数据和读取所有的 Feed。

1. 读取单个 Datastream

一般来说，用户在请求单个 Datastream 的数据时想要得到的不会是某个单个的数据，而是一组数据甚至是曲线，Xively 云平台在这里就做的非常智能，它支持直接返回一张 PNG 格式的图片，绘制着这个设备在某段时间内的曲线。用户可以在请求的 URL 中指定绘制数据的时间段，而系统会自动计算间隔时间。下面介绍一些主要的参数。

(1) w：返回图像的宽度。

(2) h：返回图像的高度。

(3) c：返回图像的颜色。

(4) g：显示图像网格。

(5) b：是否显示坐标标签，有 true 或 false 两种状态。

(6) t：返回图像的标题。

(7) timezone：绘制数据的时区。

还有用户最关心的请求数据的时间范围已经在 5.2.2 节中详细介绍过，这里就不再赘述了。

举例来说，向云平台发送如下请求。

```
cURL --request GET\
--header"X-ApiKey: hmMKT2C7VpjLTezlfAieRNMGu81RM8x9OwRxxxxxx"\
--verbose\
```

```
api.xively.com/v2/feeds/11564xxxxx/datastreams/test.png?c=2188
c5&g=true&t="My Graph"&b=true
```

系统会返回如图 5.11 所示的 PNG 图片。

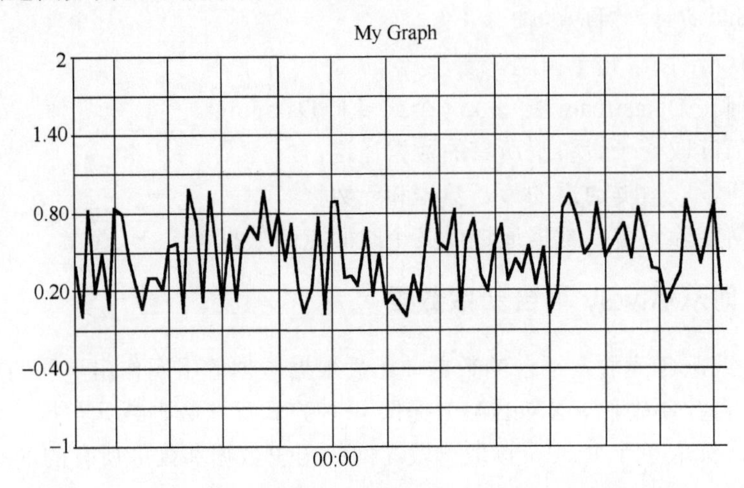

图 5.11　PNG 格式图片

实验发送的 URL（test.png?c=2188c5&g=true&t="My Graph"&b=true）的意思是返回一个名为 test 的 PNG 图片，颜色是蓝色，显示背景网格，显示坐标轴标签，题目显示为“My Graph”。

当然，Xively 云平台也支持返回具体的数值，将发送的 URL 改为 api.xively.com/v2/feeds/11564xxxxx/datastreams/soil_moisture，系统就会返回数据通道 soil_moisture 的当前值等 JSON 数据。具体格式如下。


```
{
"id":"example",
"current_value":"269",
"at":"2013-11-29T00:30:45.694188Z",
"max_value":"650.0",
"min_value":"133.0",
"version":"1.0.0"
}
```


2. 读取单个 Feed

读取单个 Feed 会返回这个 Feed 包含的所有传感器数据的当前值和所有与这个 Feed 相关的元数据。下面先看一下基本的形式。

```
curl --request GET\
--header"X-ApiKey: hmMKT2C7VpjLTezlfAieRNMGu81RM8x9OwRHWXN6xxxx"\
--verbose\
api.xively.com/v2/feeds/115642xxxx
```

该请求会返回 115642xxxx 相关的所有数据的当前值和这个设备的 ID、名称、设备号、位置等。虽然得到全部的信息后，用户可以使用 JSON 的函数将需要的数据提取出来，但如果直接让云平台传回需要的数据，用户会更加方便，而且将会更加节约网络的流量和存储的空间。因此 XivelyAPI 提供了参数 Datastreams 可以对需要的数据进行更加准确的说明。具体使用和其他参数类似，即在发送的 URL (api.xively.com/v2/feeds/115642xxxx) 后添加?datastreams= soil_moisture 就可以只返回土壤湿度的数据。在隐私方面，只需要添加?show_user=false 就可以把设备的用户名隐掉。

读取一段指定时间的数据在 5.2.2 节中已经详细讲过；读取所有的 Feed 即将 URL 改为 api.xively.com/v2/feeds，去掉具体的 Feed 的 ID，请求者就会得到所有公开的 Feed 和其中的 Datastream 信息。

5.3.2　如何向 Xively 平台写入数据

硬件传感器、应用程序和服务都是可以修改 Feed 及其上的 Datastream 数据的，甚至一部分虚拟设备的元数据也是可以修改的。XivelyAPI 提供了 4 种写入数据的方式：写一个单独的数据到一个 Datastream 中，写多个数据到一个 Datastream 中，写一个单独的数据到多个 Datastream 中和写多个数据到多个 Datastream 中。

1. 写一个单独的数据到一个 Datastream 中

这种方式就是用户需要改变数据通道的值，或者硬件传感器、应用程序和服务向数据通道存储数据。即写一个数据到 Datastream 中，其方法类似于读取一个数据，只不过要将 HTTP 的方法从 GET 改为 PUT，而且还要加上需要改变的数据名称和值，代码如下。

```
curl --request PUT\
--data’{"current_value":"61"}’\
--header"X-ApiKey: hmMKT2C7VpjLTezlfAieRNMGu81RM8x9OwRHWXN6xxxx"\
--verbose\
https://api.xively.com/v2/feeds/115642xxxx/datastreams/soil_moisture
```

将上述请求发送给云平台就会将土壤湿度的当前值改为 61。

2. 写多个数据到一个 Datastream 中

当用户需要一次性改变许多值时，上述这种每次改变一个值的方式效率就太低了，所以 XivelyAPI 提供了一种一次可以改变多个值的方法，与上述方法类似，但是将传送的值改为一个 JSON 文件，该文件的格式如下。

```
{
"version":"1.0.0",
"datastreams":[{
"id":"soil_moisture",
"datapoints":[
{"at":"2013-11-29T00:35:43Z", "value":"142"},
{"at":"2013-11-29T00:55:43Z", "value":"184"},
{"at":"2013-11-29T01:15:43Z", "value":"141"},
{"at":"2013-11-29T01:35:43Z", "value":"183"}],
"current_value":"61"
}]
}
```

然后，发送的命令格式如下。

```
curl --request PUT\
--header"X-ApiKey: hmMKT2C7VpjLTezlfAieRNMGu81RM8x9OwRHWXN6xxxx"\
--verbose\
https://api.xively.com/v2/feeds/115642xxxx.json
```

云服务器就会按照用户的要求修改一系列的数据。需要注意的是，这个 JSON 文件需要用该 Feed 的 ID 作为名称，如写一个单独的数据到一个 Datastream 的代码中的 115642xxxx.json。

3. 写一个单独的数据到多个 Datastream 中

与写多个数据到一个 Datastream 中类似，写一个单独的数据到多个 Datastream 中的原理也是发送一个 JSON 文件到云平台，用户只需要在 JSON 文件中说明哪个 Feed 需要修改，为什么修改即可。JSON 文件格式如下。

```
{
"version":"1.0.0",
"datastreams":
[{
"id":"soil_moisture",
```

```
"current_value":"61"
},
{
"id":"LED_light",
"current_value":"TRUE"
},
{
"id":"PM2.5",
"current_value":"60"
}
]
}
```

发送上述请求后，云平台就会对这三个数据进行修改，具体的请求命令与写多个数据到一个Datastream中相同，JSON文件也需要使用Feed的ID来命名。

4. 写多个数据到多个Datastream中

这个实质是写多个数据到一个Datastream中和写一个单独的数据到多个Datastream中的结合，下面给出具体的JSON文件格式。

```
{
"version":"1.0.0",
"datastreams":[
{
"id":"soil_moisture",
"datapoints":[
{"at":"2013-11-22T00:35:43Z", "value":"41"},
{"at":"2013-11-22T00:55:43Z", "value":"84"},
{"at":"2013-11-22T01:15:43Z", "value":"41"},
{"at":"2013-11-22T01:35:43Z", "value":"83"}
],
"current_value":"61"
},
{
"id":"LED_light",
"datapoints":[
{"at":"2013-11-22T00:35:43Z", "value":"TRUE"},
{"at":"2013-11-22T00:55:43Z", "value":"FALSE"},
{"at":"2013-11-22T01:15:43Z", "value":"TRUE"},
{"at":"2013-11-22T01:35:43Z", "value":"FALSE"}
```

```
],
"current_value":"TRUE"
},
]
}
```

5.3.3　如何删除 Xively 平台的数据

XivelyAPI 提供了 3 种删除数据的方式：删除单个的数据、删除一段时期的数据和删除整个数据通道。

1. 删除单个的数据

在实际应用中，可能会遇到一些偏差较大的采集值，在判断这些值无效后就需要删除它们。XivelyAPI 提供删除数据的命令如下。

```
cURL --request DELETE\
--header"X-ApiKey: hmMKT2C7VpjLTezlfAieRNMGu81RM8x9OwRxxxxxx"\
--verbose\
api.xively.com/v2/feeds/11564xxxxx/datastreams/soil_moisture/2
013-11-29T11:01:46Z
```

当云平台收到以上命令后，将会删除 2013 年 11 月 29 日 11 时 1 分 46 秒的土壤湿度数据。需要注意的是，数据一旦删除就无法恢复，所以建议用户在删除前先对其进行备份。

2. 删除一段时期的数据

当删除单个的数据中某个时间点不存在时，云平台将不会进行任何操作，而实际情况往往是用户自己都记不清楚也不需要记清楚某个具体的时间点，他只需要记得某个不需要的时间段即可。XivelyAPI 人性化地提供了相关的功能如下。

```
cURL --request DELETE\
--header"X-ApiKey: hmMKT2C7VpjLTezlfAieRNMGu81RM8x9OwRxxxxxx"\
--verbose\
api.xively.com/v2/feeds/11564xxxxx/datastreams/soil_moisture/d
atapoints?start=2012-05-21T07:48.014326Z
```

这个命令就是让云平台删除 2012 年 5 月 21 日 7 点 48 分 1 秒以后的所有数据。其他参数功能如下。

(1) start=timestamp：删除 timestamp 以后的所有数据。

(2) end=timestamp：删除 timestamp 以前的所有数据。

(3) start=timestamp1&end=timestamp2：删除 timestamp1 和 timestamp2 中间的所有数据。

(4) start=timestamp&duration=time_unit：删除 timestamp 后时间段为 time_unit 的所有数据。

(5) end=timestamp&duration=time_unit：删除 timestamp 以前时间段为 time_unit 的所有数据。

3．删除整个数据通道

这个方式可以让用户删除整个数据通道，例如，某个传感器不再使用，或某个服务停用。具体命令如下。

```
cURL --request DELETE\
--header"X-ApiKey: hmMKT2C7VpjLTezlfAieRNMGu81RM8x9OwRxxxxxx"\
--verbose\
api.xively.com/v2/feeds/11564xxxxx/datastreams/soil_moisture
```

这个命令执行后，云平台中 ID 为 11564xxxxx 的 Feed 中就不再有 soil_moisture 这个数据通道了。这个操作同样是不可恢复的，所以用户一定要谨慎操作。

第6章

Xively平台的管理与发布

开发者使用Xively平台进行系统设计的流程包括开发阶段、部署阶段和管理阶段。开发阶段提供了工作台，可以让开发者快速地制作产品原型，并且方便地连接设备、应用和服务；部署阶段采用一键式的方法将原型转化为产品；管理阶段支持海量设备和数据的实时管理和存储。本章将对产品的开发流程进行详细介绍。

本章重点

- Xively平台的开发阶段
- Xively平台的部署阶段
- Xively平台的管理阶段

6.1 开发阶段

6.1.1 原型产品开发

开发阶段的目的是方便、快速地创建出产品的原型。在这个阶段，用户需要构建一个虚拟设备，并将其与物理设备、服务和APP连接起来，进行简单的测试。

在开发阶段，用户首先要创建一个虚拟设备，并给出设备名称、设备描述和隐私(即设备是否可以被别的用户搜索到)。设备创建成功后，Xively云平台会自动创建设备的Feed ID和API Key，这两个标识是用户将虚拟设备与物理设备、服务和APP连接起来的关键。

(1) Feed ID：初学者可以将Feed理解为一系列数据通道(温度传感器数据)和元数据(如设备名称、位置等)的集合体，Feed本身可以是一个实际存在的物理设备，也可以是一个包含了多个物理设备的虚拟设备，它可以是固定的设备，也可以是移动设备，或是一个室内的智能电器，甚至可以是一个在野外环境中监测的传感器。

(2) API Key：一方面，API Key起着唯一识别某个设备的作用；另一方面，用户可以在API Key上定义4种不同的权限，即读、写、创建和删除，每种权限都有两种状态，即允许和禁止；一般来说，新建的设备对于创建用户的权限是最大值(即

4 个权限全允许)，用户可以自由组合来定义设备的权限，让合适的人在合适的时间拥有适合的权限。

创建完设备后就需要将虚拟设备与物理设备、服务或 APP 连接起来，这就要求用户使用上述的两个参数 Feed ID 和 API Key 作为与 Xivley 云平台和传感器设备数据交换的标识与凭证，当然，软件服务和 APP 也需要使用这种方式与云平台交换数据。

数据连接完成后，开发者需要进行测试。Xively 云平台提供了开发者工作台，方便开发者随时调试并监控设备和云平台之间的数据交换情况：不仅可以监视数据在云平台的显示情况，还可以监视设备从云平台上读取数据的情况，如图 6.1 所示，可以看到具体的 HTTP 请求、数据通道和时间。

Request Log　Pause

200	GET	feed	21:35:05 +0800
200	GET	feed	21:33:23 +0800
200	GET	channel soil_moisture	21:30:31 +0800
200	GET	channel soil_moisture	21:30:24 +0800
200	PUT	channel soil_moisture	21:30:17 +0800

图 6.1　数据交换监测窗口

6.1.2　开发者工作台

每个新建的虚拟设备都有独立的开发者工作台。开发者可以在上面添加或删除数据通道、修改元数据、更改设备权限以及连接物理设备、服务和 APP。

图 6.2 和图 6.3 就是开发者工作台，其中包含 Chnnaels、Location、Metadata、API Keys、Triggers 5 个要素，下面对这些要素进行详细介绍。

(1) Channels：即数据通道，一个虚拟设备至少包含一个数据通道，数据通道是云平台与设备、服务以及 APP 数据交换的载体，但每一个数据通道只能对应一个物理设备中的一个传感器、一个服务中的一个属性或 APP 中的一个变量。

(2) Location：设备的位置信息，对于固定位置的设备，可以手动输入坐标；如果设备是可移动的，用户还可以用全球定位系统(global positioning system，GPS)、北斗等定位设备实时提供设备的位置信息。

(3) Metadata：设备的元数据，包含设备的标签、描述、设备的创建时间、创建用户和 E-mail 等信息，除了创建用户和设备的创建时间不可修改，其他信息都可以随时修改并通过 Xively 的 API 调用获得。

(4) API Keys：6.1.1 节已经介绍过，它起着唯一标识和界定权限的作用。

(5) Triggers：即触发器，用户可以设定规则，如数据达到阈值触发一个 Webhook 事件，详细内容会在第 7 章详细说明。

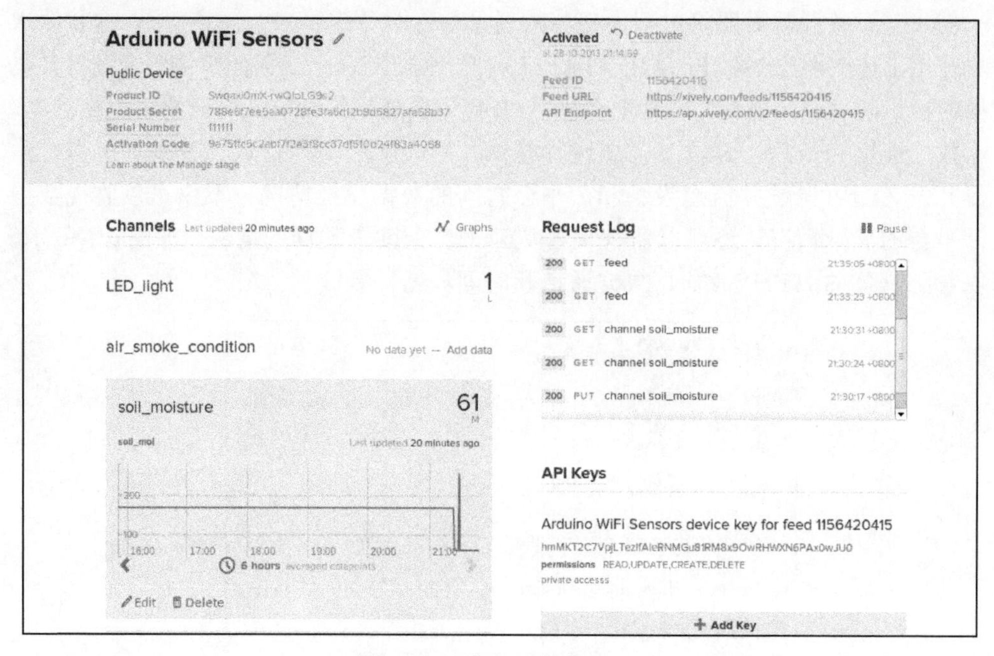

图 6.2　开发者工作台 part1

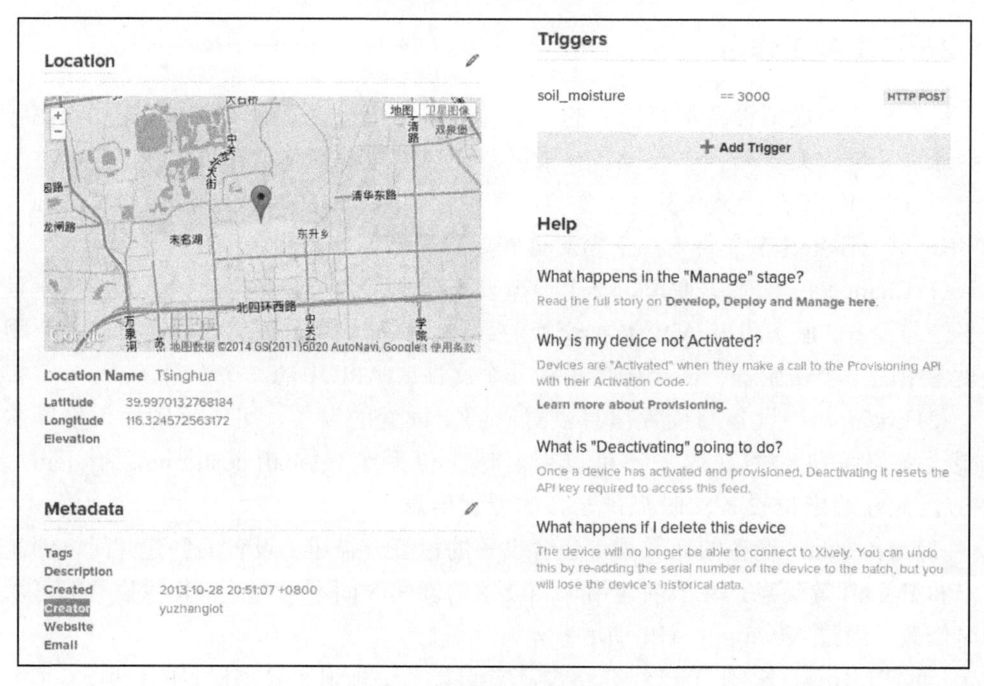

图 6.3　开发者工作台 part2

6.1.3 小结

在开发阶段，用户可以实时调试功能、监控数据交换、设定元数据、提供设备的位置信息和设定条件触发，但需要注意的是，开发阶段的许多功能是为了方便开发者实验使用的，旨在调试和连通，而一些编号、隐私和高级功能都没有涉及。6.2 节将会介绍如何将原型转化为产品。

6.2 部署阶段

部署阶段的目的是将开发者在开发者工作台上的实验原型转化为其他用户可以查看和使用的产品。Xively 云平台提供了非常高效的解决方案，即一键将原型变为产品。

如图 6.4 所示，用户可以单击“Deploy”一键将原型转化为产品。当用户使用部署时，原本的虚拟设备就转化为与实际的物理设备、服务或应用一一对应的产品，同时，开发者也从开发阶段过渡到管理阶段，工作空间从开发者工作台变成产品管理台。产品管理台与开发者工作台类似，也是由一系列的数据通道和元数据组成的，不同的是产品管理台多了产品序列号等唯一识别产品和发布产品的参数。下面对部署的流程进行简要介绍。

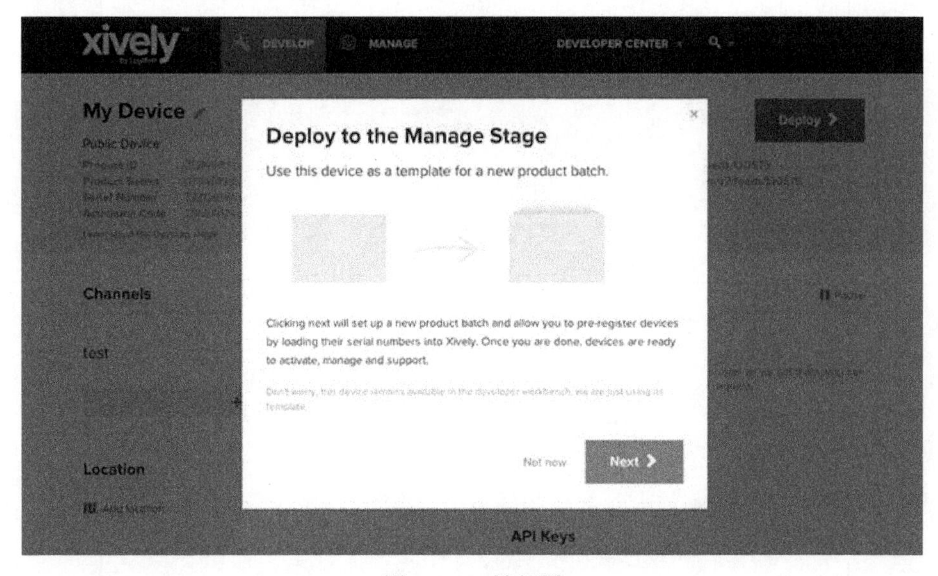

图 6.4　一键部署

首先，在开发者工作台的右上角单击“Deploy”（见图 6.5），然后 Xively 云平台会从虚拟设备原型自动生成一个产品模板，包括设备名称、描述、隐私性和数据通道等信息(见图 6.6)。在默认情况下，Xively 云平台会读取原型的信息并自动帮用户填好，但是用户可以根据自己的需要进行修改。在填好这些信息后，单击“Add Batch”进入产品工作台页面。

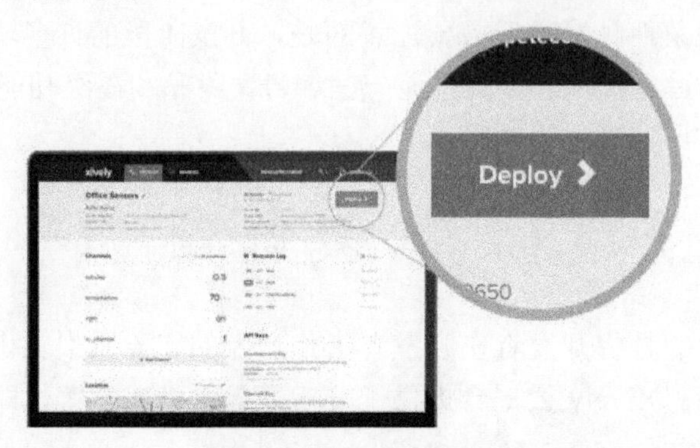

图 6.5　单击“Deploy”

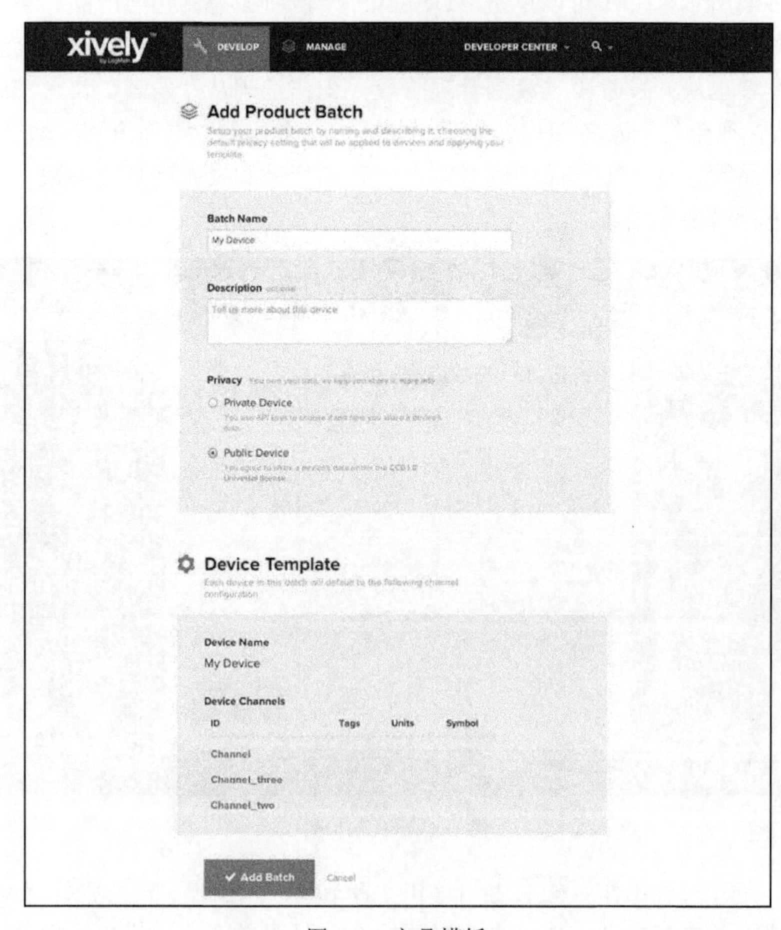

图 6.6　产品模板

在产品工作台页面，用户会发现云平台自动生成了产品 ID 和对应的产品的隐私性，但是细心的用户会发现，这个产品工作台是空的，这就需要开发者单击右上角的“Add Serial Numbers”来添加产品序列号，如图 6.7 所示。

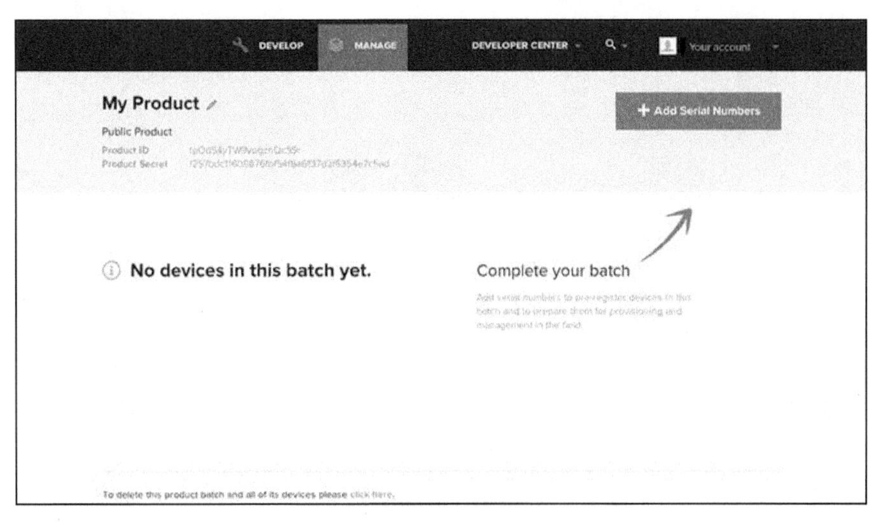

图 6.7　添加产品序列号

Xively 云平台提供了 3 种方式来添加序列号，如图 6.8 所示：通过上传 CSV 文件，通过手动输入和通过 API 上传。第一种方式允许开发者批量添加设备，开发者可以使用这种方式来一次添加上百个设备；而手动添加用于开发者实验中，一次只能添加一个序列号；API 添加可以让开发者动态添加设备，如到了一个指定的日期再添加设备等。这里为了演示方便，手动添加了序列号 111111、22222 和 33333，如图 6.9 所示。

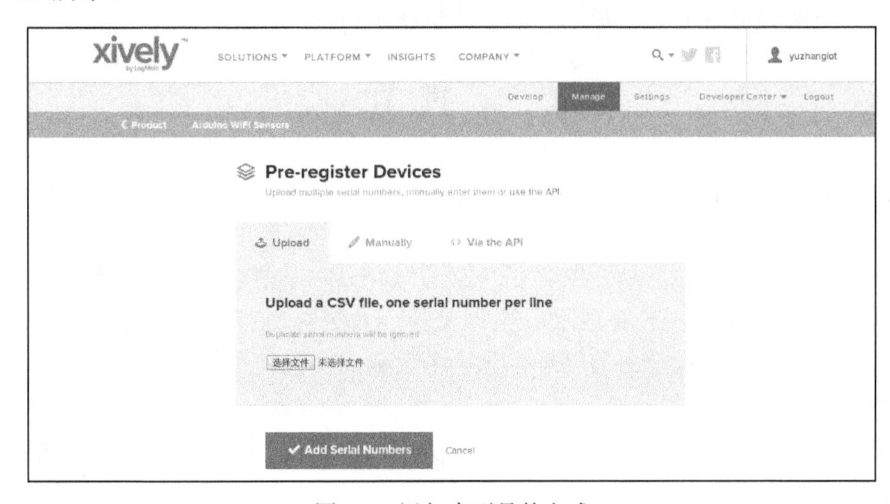

图 6.8　添加序列号的方式

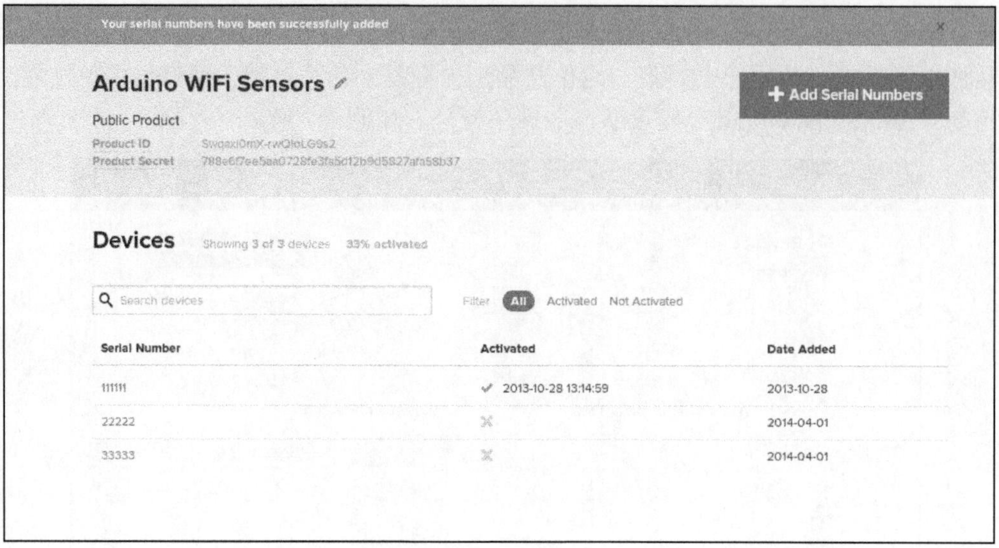

图 6.9 序列号管理

每个序列号对应一个虚拟产品，而每个虚拟产品用来对应一个实际的物理设备。每个虚拟产品都有两个状态，即激活与非激活。开发者可以选择现在激活或在需要的时候使用 XivleyAPI 提供的函数远程激活。设备只有激活后才可以与物理设备交换数据，不激活的好处是设备可以预先储备在云平台中，当需要时立刻进行远程激活并可投入使用。序列号和 API 一起用来唯一识别一个虚拟产品。一个产品工作台上不同序列号的产品都拥有相似的结构和数据通道，这就可以理解为工厂生产的一批传感器，虽然具有相同的功能，但每个产品拥有独一无二的序列号。

当然，开发者也可以不通过原型来构建产品，这就需要用户自己添加所有的产品信息，后面和部署的步骤是一样的，这里就不再赘述了。

6.3 管理阶段

6.3.1 管理设备

管理阶段的设备不再是开发者在开发工作台上的原型设备，而是提供给用户实际使用的产品，因此，在管理阶段更需要管理人员对所有产品进行管理和维护。Xively 云平台支持海量设备的管理，无论个位数的实验使用，还是几百万的公司使用，都是没有问题的。

下面局部放大产品序列号管理界面(实际就是设备目录管理界面)，如图 6.10 所示。

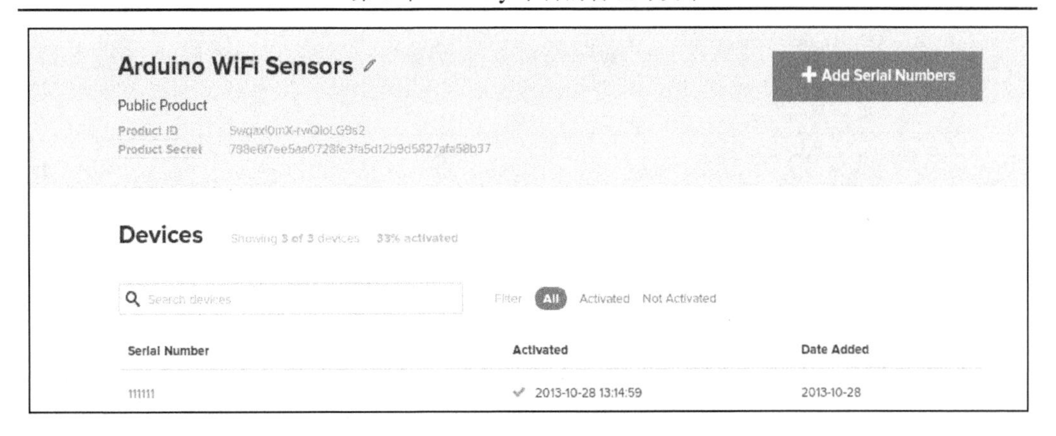

图 6.10　设备目录管理界面

设备目录管理界面具备以下几个基本功能。

(1) Final Product Secret：即设备的最终私钥或产品 ID，可以在产品目录管理界面的顶部找到，它可以理解为机动车的车架号，具有一定的私密性，而且可以唯一标识一辆车，Xively 云平台将它烧入设备的固件中，起到唯一标识设备的作用。

(2) Add Serial Numbers：6.2 节介绍过，即允许用户添加更多的设备到产品目录管理界面。

(3) Search for a specific device：即设备的搜索引擎，可以根据用户键入的关键词搜索到相关的设备。

(4) Fliter：显示过滤器，可以根据用户的要求，全部显示、只显示已经激活的设备或只显示未激活的设备。

在设备目录管理界面用户可以任意选择某个设备，并通过单击操作进入该设备的管理控制台。

6.3.2　管理控制台

在管理控制台界面，管理者可以实时地监控产品的状态、属性和数据交换情况。管理控制台界面包含设备、传感器数据通道、位置信息、元数据、数据交换日志、API Key 和触发器，如图 6.11 所示。由于这个阶段主要是为了给管理者展现用户设备的运行情况，所以除了激活状态，其他数据是不允许修改的。

在管理阶段，管理者可以进行的操作如下。

(1) 取消产品的激活状态。一般来说，开发者会在硬件设备编程的时候，设定设备将要没电或关机时自动使用 XivelyAPI 给云平台发送一个取消激活的指令，停止与云平台交换数据，然后在重新启动时再发送一个激活指令，恢复与云平台的连接。但是，当遇到一些突发情况(如部件损坏、突然断电等)时，设备将无法给云平台发送指令，这时就需要管理员手动取消该设备的激活状态，设备恢复正常后再自动激活。

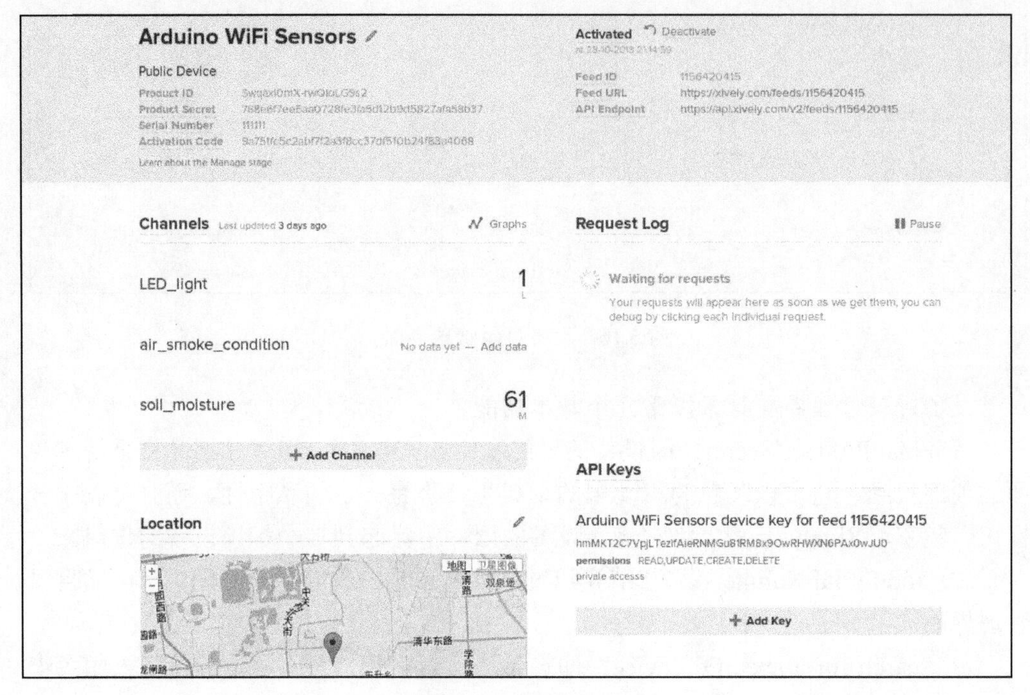

图 6.11　管理控制台

(2) 监视数据通道。通过监视数据通道，管理者就可以知道设备发送的数据与云平台显示的数据是否一致，如果不一致，也方便寻找问题，进行调试，如图 6.12 所示。

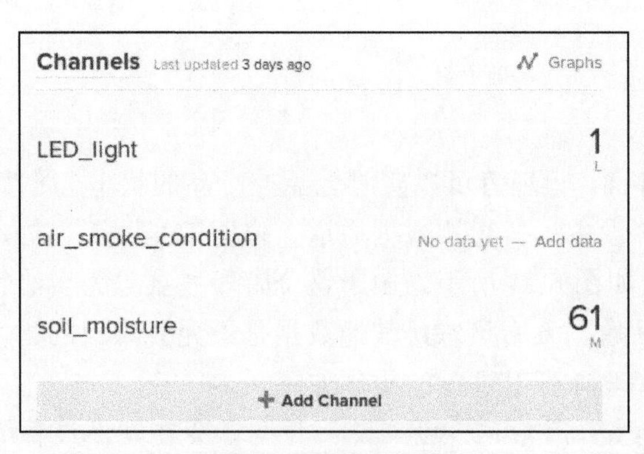

图 6.12　数据通道

(3) 监视数据交换日志。任何数据交换的痕迹都会出现在数据交换日志中，管理者可以得到准确的数据交换时间和数值，如图 6.13 所示。

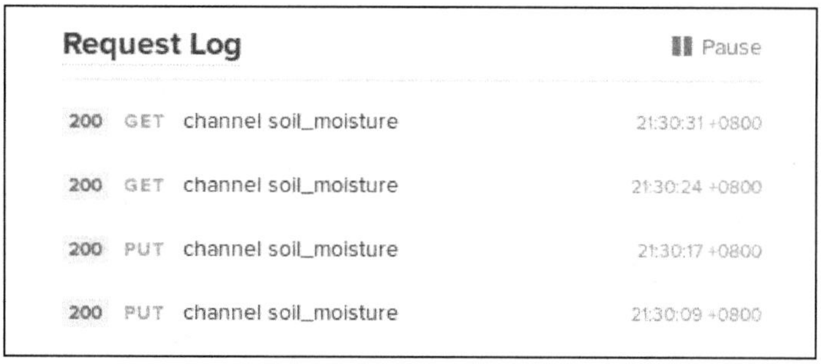

Request Log　　Pause

200	GET	channel soil_moisture	21:30:31 +0800
200	GET	channel soil_moisture	21:30:24 +0800
200	PUT	channel soil_moisture	21:30:17 +0800
200	PUT	channel soil_moisture	21:30:09 +0800

图 6.13　数据交换日志

6.3.3　小结

数据管理阶段包括设备目录管理阶段和管理控制台阶段，前者对设备目录进行管理，后者对单个设备进行管理。在设备目录管理阶段，管理者可以对所有设备进行查看、搜索和排序，还可以添加设备的序列号，管理者通过单击某个单个的设备就可以进入管理控制台阶段，在这个阶段，管理者可以详细地查看单个产品的状态和属性，并能对产品的激活性进行更改和直观地对产品进行调试。

第7章 物联网反馈功能的实现

从数据流动的角度来看，用户已经可以根据实际需要，主动地获取数据，即“拉”数据。而物联网智能家居作为一个完整的体系结构，要求数据不但可以被用户“拉”出来，而且可以根据触发条件主动地推送给用户。这就需要本章的工具和知识。

本章重点

- Zapier 平台使用
- Zapier 平台与物联网云平台 Xively 的连接

7.1 需求分析和现状介绍

前面介绍了传感器如何将数据传送到云平台上和物理设备如何读取云平台上的数据，从而达到控制设备的目的。同理，用户可以通过 XivelyAPI 读取云平台上的数据，再显示在网页上、移动设备上或存储到数据库中。但是，细心的读者可能已经发现了，这个流程没有闭合，即云平台无法主动联系用户，只能被动地等待用户来获取数据，无论直接的还是间接的。

然而，单纯地将系统流程闭合是没有意义的，在实际应用中对云平台主动联系用户的需求是非常多的。在此从最直接的应用开始讲，然后逐渐深入。讲到数据的反馈，首先想到的应该就是报警，当某个或几个传感器的数据超过了预设值时，云平台是否能够主动通过短信、邮件甚至自动电话系统联系管理者，发送预先编辑的内容；接下来较常用的需求就是自动记录日志，如某个用户比较熟悉印象笔记，但他们公司内部交流都使用 Google Docs，因此他每天都费时费力地将云平台的日志管理文本文件导入印象笔记中，整理好格式后再导入 Google Docs 中，再发送给公司不同级别的主管，那么云平台是否能够按照一定的规则直接将日志发送到他的印象笔记和 Google Docs 中呢？例如，一个定期测量降水量的公司，为了节省成本，是否能够设计一个机制，将墨迹天气软件和 Google 日历同设备连接，并设定只有当墨迹天气的预报为晴天并且 Google 日历的日期为单数时才启动传感器，其他时候处于休眠状态；管理方面的需求也有很多，传统公司的管理员总是抱怨要反复查看并刷新设备的状态列表去寻找有问题的设备，即使一些使用智能系统的现代企业，管理员也需要将自动系统罗列出的问题设备添加到任务列表中，维修完成后还要给上级写报告，是否有一种机制，能够让出问题的设备自己跑进计划任务处理应用(如 Trello)中，主管和管理员都可以看到消息并协同制定维修进度，由于是和主管同时看到并完成计划的，所以事后也无需汇报，所有记录都已经自动记录在计划任务处理应用中了。还有很多例子，这里就不一一列举了。

从上面这些实际应用的需求中，可以看到一个共同点，即需要一个互联网的应用驱动另一个互联网的应用。在国外，有一个开源的网络服务平台正好符合实际应用的需求，它的名字是 IFTTT，如图 7.1 所示，它是一个让用户可以通过一些简单的设置将各种互联网服务衔接、关联起来的服务。

图 7.1　IFTTT

从普通应用上来说，它主要解决了以下两大问题。

(1)之前的产品过于零碎、分散化，虽然云服务的出现解决了单个应用的跨平台、跨设备的数据同步问题，但却无法解决产品之间各自为政的问题，即某个产品只能解决用户的单个问题，如微信只能聊天，Google 日历只能看日期和安排计划。就好像一个老板有许多不同种类的需求，如订飞机票，约客户打高尔夫球或查看一下空闲的当期，这些需求其实只需要找一个秘书就可以处理得非常妥当。但在互联网上这些不同的需求就很难一步搞定，各种产品间几乎无法通信和协作，数据封闭且互相不通用，例如，让 12306 订票软件读取一个行程安排软件，未来一周哪天空闲就订哪天的火车票，并自动发送短信给某个制定的联络人告知车票日期，这样一个简单的事情基本无法实现。

(2)技术的复杂程度，RSS、API 等为各种服务和应用软件的集成提供了便利，也为开发者留出了一定的空间，如美图相机就通过微信的 API 进行了开发，添加了功能，让用户在美图相机中拍摄的照片可以一键分享到微信的朋友圈里，但是这又陷入了(1)所说的应用程序的数据孤岛问题，单个产品也只能利用其他产品的 API 开发出有限的服务。如果用户想自行集成不同应用程序的各项服务以满足自己的一系列需求，那么将面临着相当复杂的技术难题，还要面对多个程序的 API，而且不是每个人都是程序员，用户只是想要这样简单地实现功能，而不是建立一个工程自己开发。

物联网对于应用互联互通的要求更迫切，当今的互联网拥有各种各样的应用，基本上可以满足各种需求，如果将这些应用连通起来并应用到物联网上，将会解决 3 大问题。

(1)将硬件与软件连接起来。以前传感器硬件收集到的数据就是数据，仅供用户监视、分析使用，而硬件也仅仅是一个收集数据的设备。连通后，硬件采集的数据就变成了条件，可以触发软件的功能，而不再只是被动地接受命令，从而有效地形成一个数据、命令流通的闭环。

(2)极大地丰富了物联网的数据来源。互联网上的不同类别的应用也可以看成不同类别的数据，如天气数据、公交信息、航班信息甚至手机归属地等，试想一下，如果这些数据都变成了物联网的数据库，那么物联网的数据总量和种类将上升不止一个量级，物联网的智能程度也会相应地获得极大的提升。

(3)无限拓展了物联网的应用层。传统物联网的应用分为两类，即监视类和控制类。而连通后，物联网的应用就扩展到了各行各业，从物流行业到仓储行业，从餐饮行业到机械行业，从 ERP 到 CRM，几乎到处都可以见到物联网的应用。

综合以上分析，可以看出数据的反馈功能是必需的。7.2 节将会详细介绍一款基于这个概念的 APP——Zapier。

7.2　Zapier 平台简介

7.2.1　基本特点

7.1 节介绍了 IFTTT 的需求与应用，以及 IFTTT 在物联网的应用。但是 IFTTT 是一个开源的项目，目前支持的应用较少，而且不够稳定。如果用于实验室的项目中是一个不错的解决方案，但如果开发者想将反馈功能加入自己的商业产品中，并且应用到成千上万的设备中实时运行，使用 IFTTT 就无法满足需求了。

本节将介绍 IFTTT 的商业版——Zapier。这家公司是由企业孵化器 Y-Combinator 支持的，可以连接两个完全不同的互联网应用。它的操作方式非常简单，使用可视化的拖放编辑，让不懂编程的用户也可以轻松使用并制作自己的关联，这种关联称为 Zap，即 7.1 节介绍的不同应用间的数据反馈，例如，用户可以在 Google 日历上显示 Shopify（国外的淘宝）每天的销售额，或者每当有新用户注册网站时，都会有短信提醒等。

Zapier 目前支持超过 250 种不同的应用，如图 7.2 所示，其中包括 Facebook、Twitter、Salesforce、Amazon、印象笔记、Dropbox、GitHub、RSS 和 Google 日历等用户耳熟能详的应用，还包括一些用户不太熟悉的，但非常实用的应用如 Trello、Asana Task、MailChimp 和 Wufoo 等，甚至还支持硬件如 Google Glass，但它对于应用的支持一般，根据网站的介绍，可能会在今年推出新浪微博的支持。但是这并不影响国内用户的使用，因为开发者可以通过 Zapier 开放的 API 来打造个性化的 Zap，通过官方提供的开发者平台，用户可以很容易地通过 API 授权将自己的 APP 加入 Zapier 的服务中，这就极大地拓展了 Zapier 的应用范围，用户不再被动地等待官方网站上推出一个新的应用的关联，而是可以自己开发。例如，国内某个团队开发一个只针对某个家具市场的电商应用，但想将销售额、客户等信息同步到 Salesforce 上，那么 Zapier 官方是不可能知道这个电商应用并开发相应的 Zap 的，但通过开发者平台，这个团队就可以轻松地完成自己的 APP 和超过 250 种著名 APP 的对接，或实现短信、邮件等信息反馈功能。

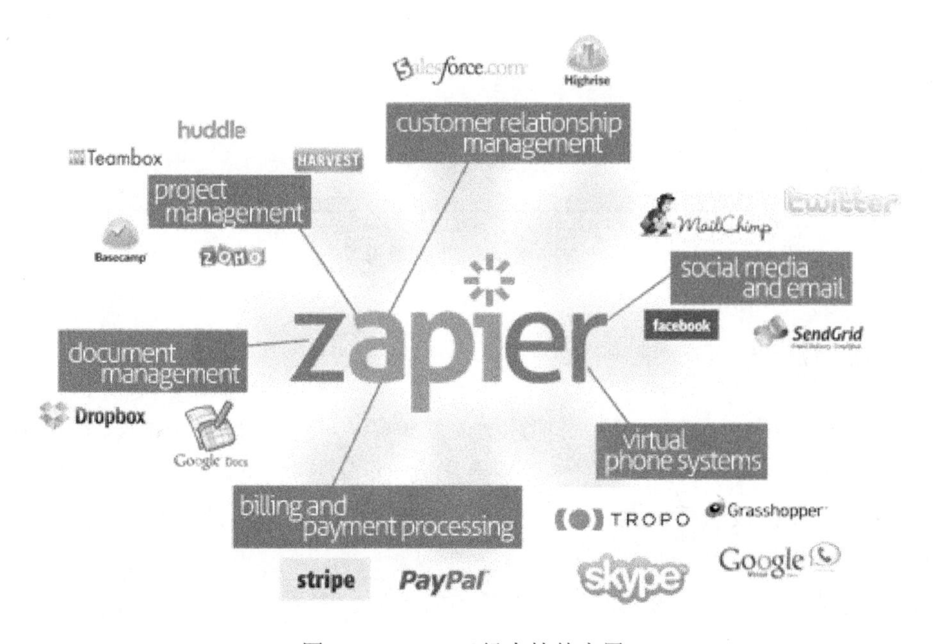

图 7.2　Zapier 已经支持的应用

用户可以根据需要订制 Zap(关联)，通过各种筛选条件对其进行设置，如触发的具体时间和触发动作的设定。例如，从 Twitter 到 Google Docs(谷歌的一个文本工具)的 Zap，用户可以选择的触发条件包括：当 Twitter 有新的粉丝时触发，当有新的推文时触发或当推文中包含指定的信息时触发。而执行就可以设定为在 Google Docs 中：创建一个新的文本并记录信息，或将信息添加到现有文件中等。更加详细的设定包括新的推文中包含哪些关键词，触发监听的时间段是什么等。用户可以非常详细地设定每个细节。

Zapier 对于普通开发者的实验性使用是免费的，但是开发者只能使用一个触发器，而且不是实时的，系统一个小时会检查几次。收费的方案是从每月 15 美元起，开发者可以创建 4 个 Zap，系统的实时性也会改善一些。最贵的方案是每月 195 美元，开发者可以创建 50 个 Zap，系统可以做到实时反馈，并且还有额外的电话支持服务，如图 7.3 所示。

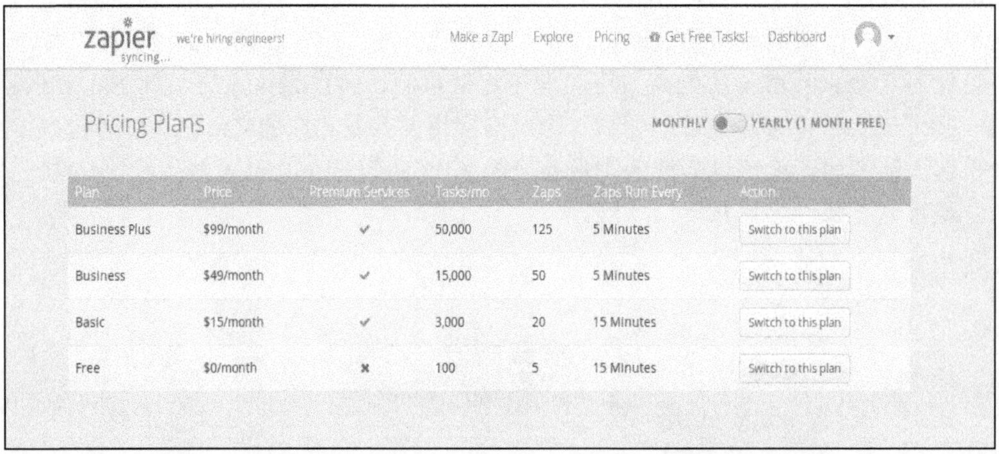

zapier syncing... we're hiring engineers! Make a Zap! Explore Pricing Get Free Tasks! Dashboard

Pricing Plans　　MONTHLY　YEARLY (1 MONTH FREE)

Plan	Price	Premium Services	Tasks/mo	Zaps	Zaps Run Every	Action
Business Plus	$99/month	✓	50,000	125	5 Minutes	Switch to this plan
Business	$49/month	✓	15,000	50	5 Minutes	Switch to this plan
Basic	$15/month	✓	3,000	20	15 Minutes	Switch to this plan
Free	$0/month	✗	100	5	15 Minutes	Switch to this plan

图 7.3　Zapier 的收费标准

7.2.2　用户注册

本节简要介绍一下 Zapier 的用户注册。首先在主流搜索引擎中输入 Zapier 或在地址栏中输入 https://zapier.com，然后就会来到 Zapier 的主页，如图 7.4 所示。

如果用户以前没有使用过 Zapier，请单击页面中央的“SIGN UP”，进入用户注册页面，如图 7.5 所示。

简单地填好 E-mail、姓名和密码等基本信息后，就可以开始使用 Zapier 了。单击 SIGN UP 跳转到 Zap 用户管理页面，如图 7.6 所示。

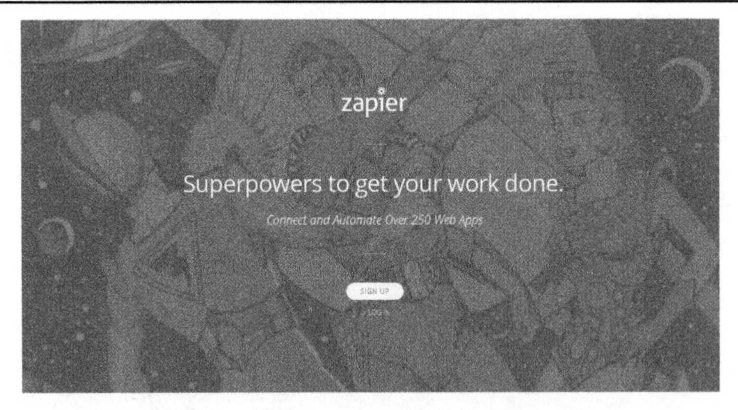

图 7.4　Zapier 主页

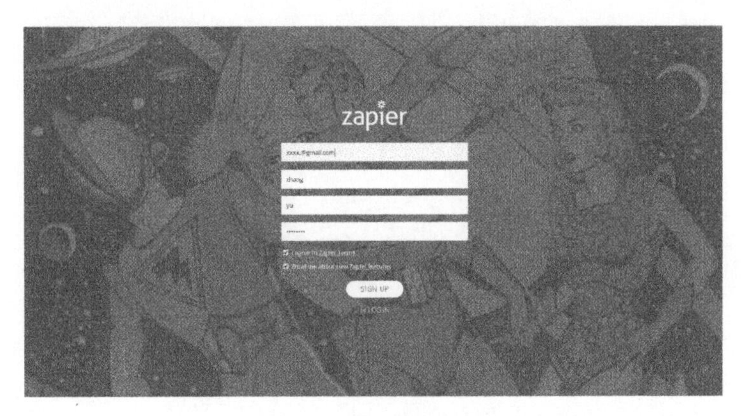

图 7.5　用户注册页面

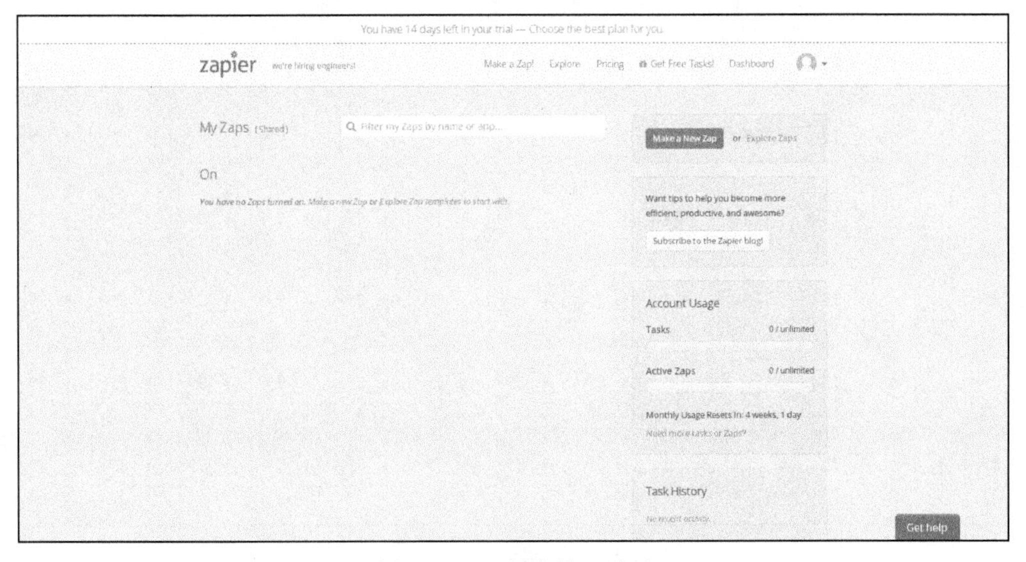

图 7.6　Zap 用户管理页面

在 Zap 用户管理页面，用户可以查看已经建立的 Zap 并对已有的 Zap 进行修改。在本实验中，还没有建立任何 Zap，所以需要单击右边的“Make a New Zap”来创建一个新的 Zap，如图 7.7 所示。

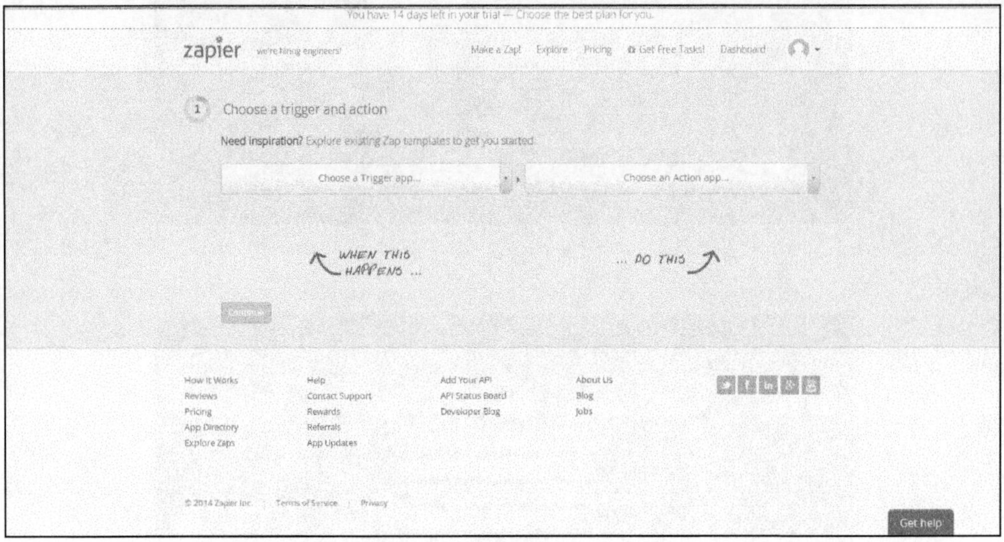

图 7.7　创建新的 Zap

在创建新 Zap 界面，用户只需要告知 Zapier 网站需要用什么程序来触发什么程序即可。选择的方法非常简单，用户可直接单击下拉箭头，系统就会列出现在网站支持的所有网络应用，如图 7.8 所示。

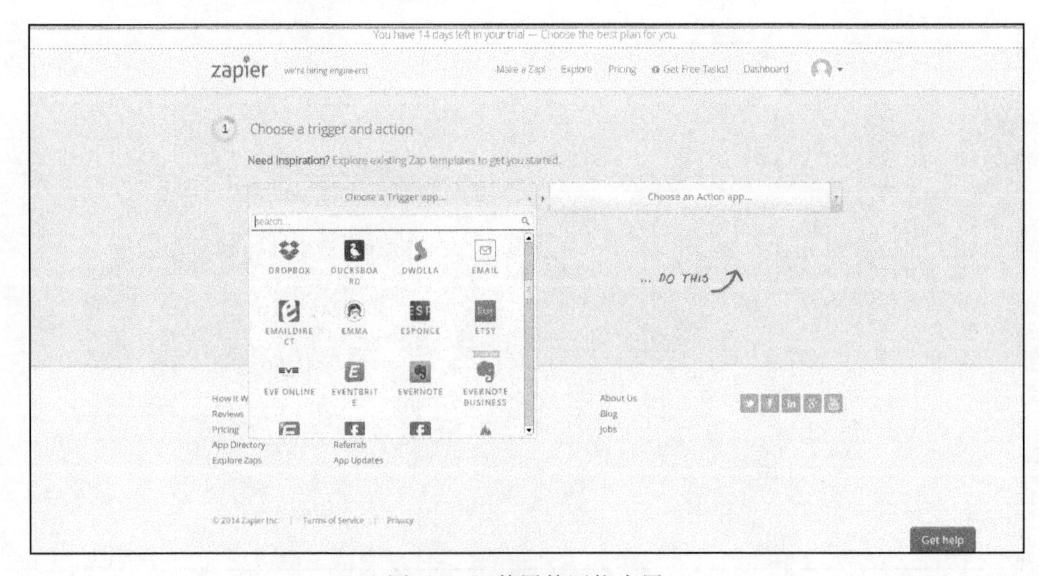

图 7.8　可使用的网络应用

本节介绍了 Zapier 的用户注册和基本的使用方法，7.2.3 节会使用一个 Zap 实例来详细说明触发创建的过程。

7.2.3　使用方法

下面以 Dropbox 到印象笔记为例详细介绍 Zap 的制作方法。在开始之前，先简要介绍 Dropbox 和印象笔记。Dropbox 是一个网络云存储服务，而且提供同步不同终端文件的功能，这里暂且把它当做一个网络硬盘；印象笔记实质上就是一个笔记本，这里可以用官方的宣传语来介绍“印象笔记能帮你记住你想到的，看到的和体验到的一切”。它不仅可以记录文本，而且可以记录网页、照片和截屏等。印象笔记支持所有的主流平台，用户只需要注册一个账号，在一个平台进行改动就可以在所有的平台同时更新。在本实验中把它作为一个记事本使用。

首先来到图 7.8 的页面，在左边的触发程序框中选择“Dropbox”，再在右边的动作执行选择框中选“Evernote”。完成后如图 7.9 所示。

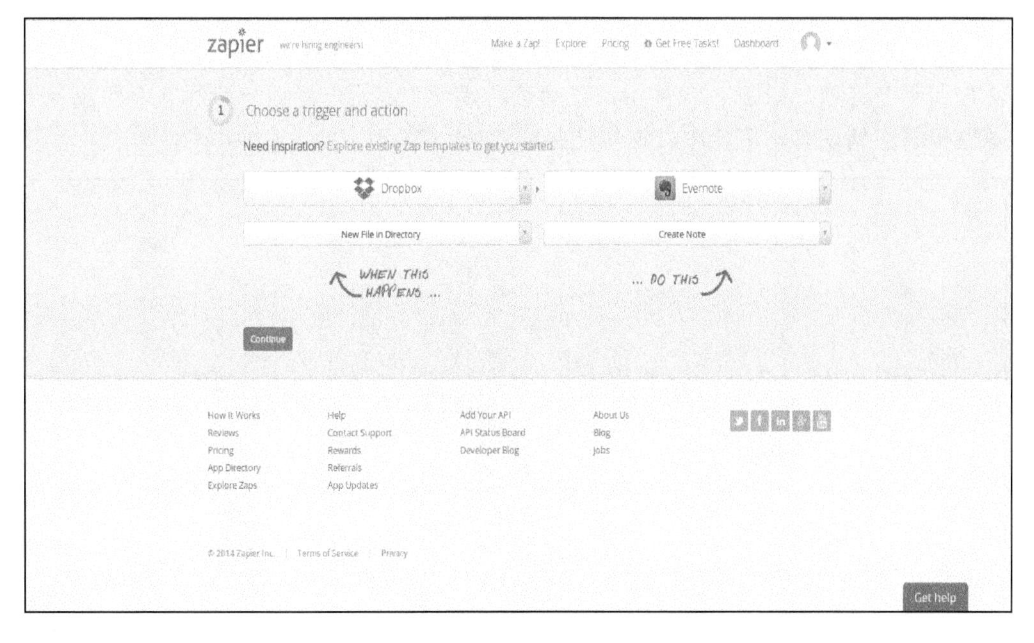

图 7.9　Dropbox 和 Evernote

接着需要制定具体的触发事件。单击“Dropbox”下方的下拉框，可以看到有两个选项，如图 7.10 所示。一个是新建文件夹，另一个是新建文件。换句话说就是当用户在新建一个文件或文件夹时，会触发一个事件。本实验选择新建文件。

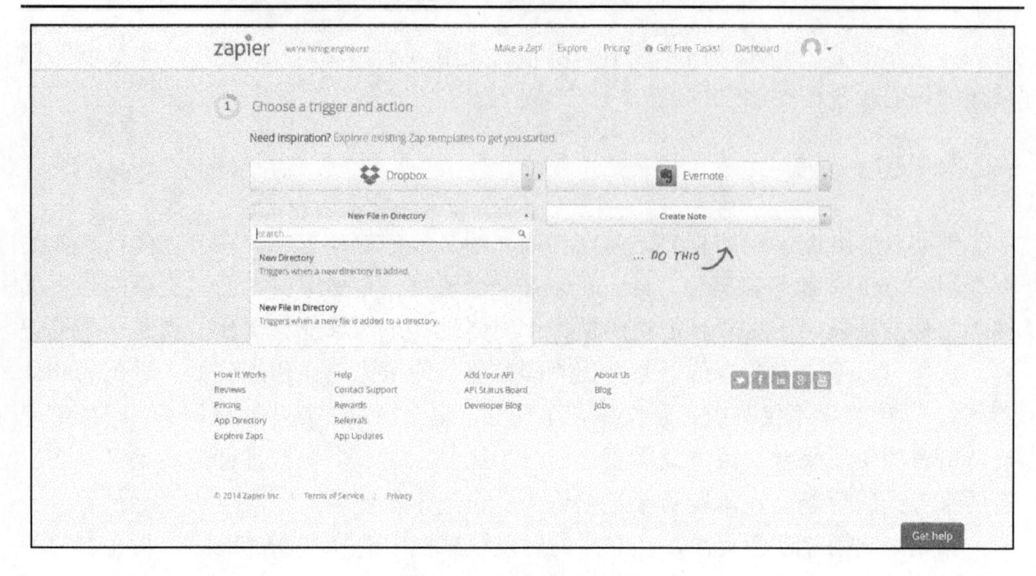

图 7.10　Dropbox 选项

接下来用户就需要选择到底触发什么事件。单击“Evernote”下的下拉框，可以看到 4 个选项，如图 7.11 所示，分别是新建一个笔记、新建一个标签、新建一个提醒和添加到现有的笔记中。这里选择新建一个笔记。

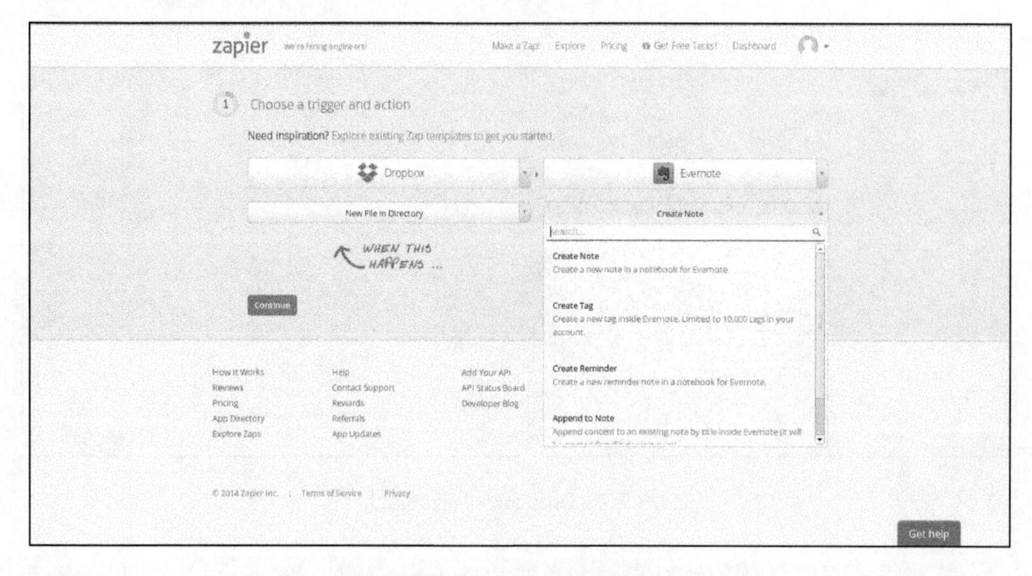

图 7.11　Evernote 选项

都选择好之后，单击下一步，出现如图 7.12 所示的页面，要求用户选择“Dropbox”的账户。填好后选择下一步。

图 7.12　绑定 Dropbox 账户

如图 7.13 所示，Zapier 要求用户绑定“Evernote”的账户。绑定后单击下一步。

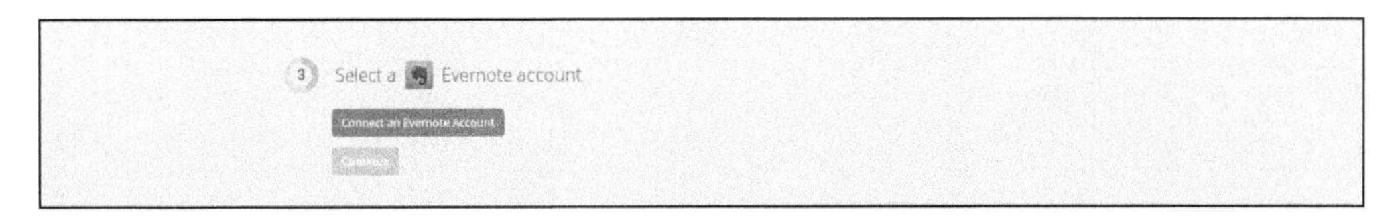

图 7.13　绑定 Evernote 账户

然后会出现如图 7.14 所示的条件过滤选项，该选项的作用是对触发条件进一步细化，过滤器包含“Key”、“Condition”和“Value”三个选项，例如“Key=文件名”，“Condition=包含”，“Value=物联网”，即只有放入 Dropbox 中的文件名中包含关键词“物联网”才会触发条件。设定完成后单击下一步。

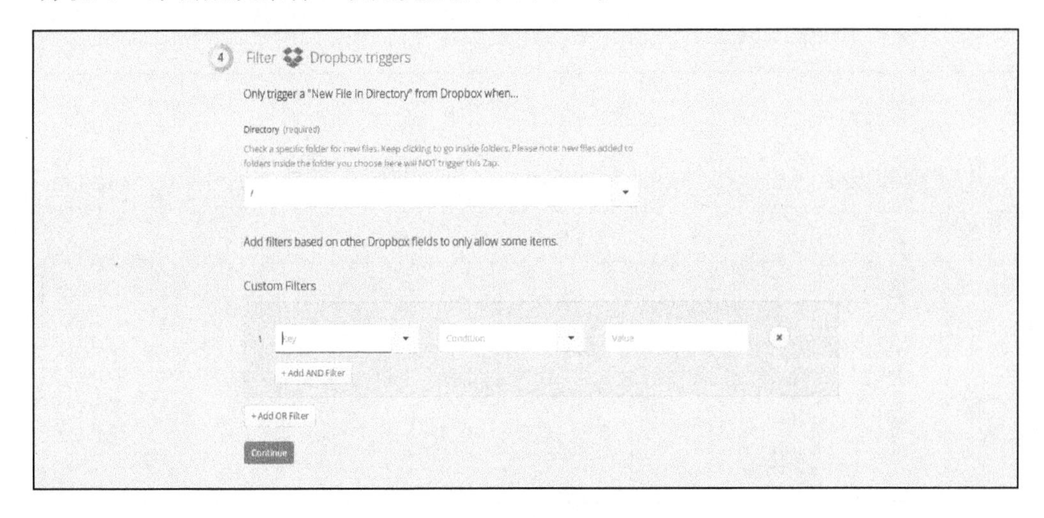

图 7.14　条件过滤选项

单击下一步后会出现图 7.15 所示的设置页面，这个页面是允许用户对 Evernote 中显示的笔记格式进行 DIY，可以中规中矩地创建“A 文件于 XX 时间创建，存储在 XXX 路径”，也可以个性化地设置“Hi，我是 A 文件，我在这里 XXX”，根据用户的喜好可以自定义不同的表达方式。

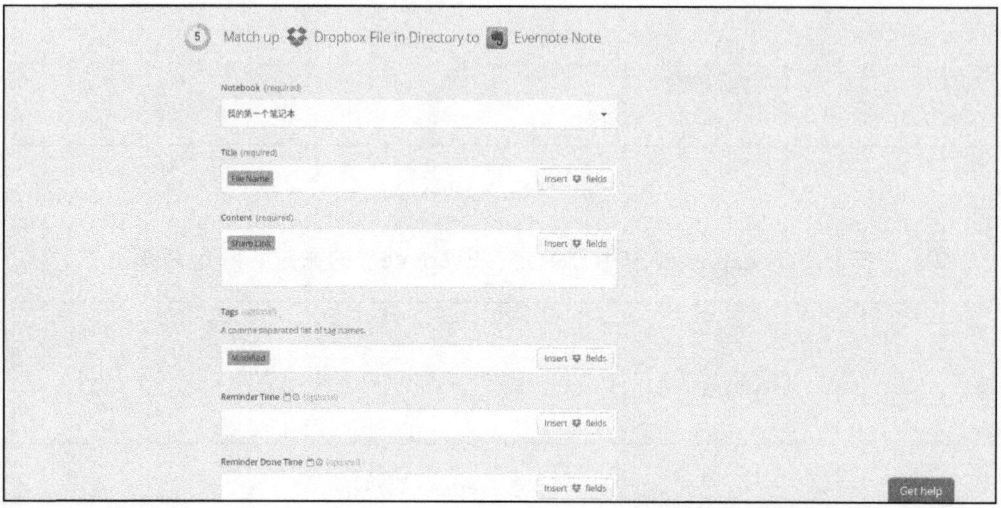

图 7.15　Evernote 显示格式设置

接着系统会对这个 Zap 进行测试，如图 7.16 所示，完成后单击下一步。

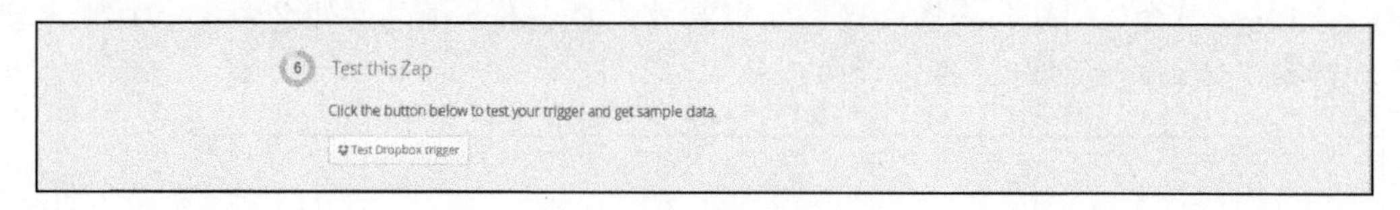

图 7.16　测试 Zap

以上全部设定好后，给触发器起个名字，然后单击图 7.17 中的“Turn Zap On”就可以使用了。

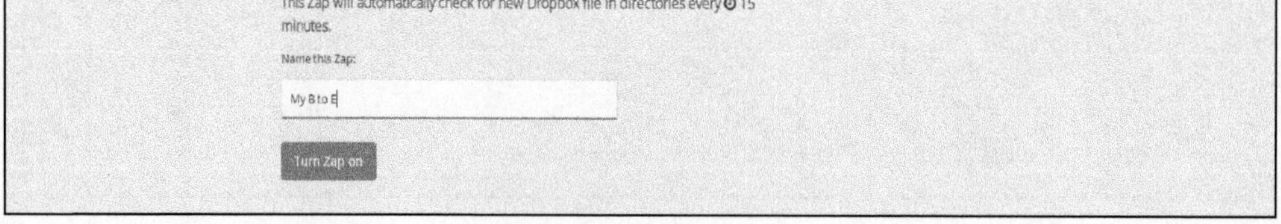

图 7.17　使用触发器

下面做个实验，向 Dropbox 的文件夹上传一个新的文件 internet.py，接着可以发现在印象笔记的笔记中成功自动创建了一条笔记，如图 7.18 所示。

本节详细地介绍了 Zapier 创建 Zap 的方法，下节将介绍如何将物联网云平台与 ZapierAPI 进行连接使用。

图 7.18　成功添加笔记

7.3　Xively 与 Zapier 平台连接

7.3.1　Zapier 开发者平台介绍

如果用户想将自己开发的智能硬件、服务或 APP 与 Zapier 提供的 250 个网络服务连接，就不能使用官方网站提供的现成 Zap，而需要自己创建 Zap，这就需要用到 Zapier 开发者平台。

Zapier 开发者平台提供了一种途径，可以让开发者将自己的 APP 或 API 提供给 Zapier 并与 Zapier 的其他应用连通。现在回到物联网与 Zapier 结合的话题上，开发者如果想让自己的产品实现反馈功能(如让智能电冰箱将每天的耗电量记录在印象笔记中，或让厨房的烟雾传感器在超过阈值时自动给用户发短信或邮件)，一共有两种方式可以实现。

(1) 开发者将自己产品的 API 提供给 Zapier，让自己的设备、服务或应用集成为一个网络应用，并成为 Zapier 的一部分。

(2) 利用 Webhook 机制，让自己的设备发送固定格式的请求到 Zapier，从而让开发者的设备以 Webhook 的形式被 Zapier 识别并与其他应用连接。

使用(1)方法有两点好处：一是可以让开发者将自己的设备、服务和 APP 与 Zapier 提供的 250 个网络应用连接起来；二是可以让网络上的其他开发者使用自己的 API 来连接其他的 APP。但是这种方法比较复杂，需要一定的开发工作，并要求开发者熟悉自己 APP 的 API 接口和 ZapierAPI 的接口。因此这种方法适合一些打算打造全球化产品的公司，因为其他用户也可以在 Zapier 网站上发现该应用并使用它作为 Zap 的一部分。例如，Belkin 公司的 WeMo 系列，包括智能插座、智能开关和智能传感器等，Belkin 公司将这些设备连同后台的云平台一起打包为一个 APP，并开放其 APP，可供全球的开发者自由使用。开发者可以通过 Twitter 发送信息控制电灯开关，或通过 WeMo 传感器在 Facebook 上发表状态。

(1)方法虽然好，但是开发难度偏大，对于普通的用户，许多功能也是不必要的，因此，这里向普通开发者推荐(2)的方法，即通过 Webhook 的方式将自己的应用与 Zapier 的应用连接起来，从而实现物联网的数据反馈机制。

7.3.2 使用 Webhook 机制实现邮件提醒

Webhook 是在 Web 网络开发中的专业术语，是指用户通过自定义回调函数的方法，来增加或改变一个网页或网络应用。非网站或应用的管理人员也可以使用并修改这些回调。Webhook 这个术语是由 Jeff Lindsay 在 2007 年的 Computer Programming Term Hook 会议上首次提出的[8]。

通俗来讲，Webhook 是用户自定义的 HTTP 回调，这个回调经常被一些事件触发，例如，新的代码被推到代码仓库或博客发表了一篇新的博文(在本书的实验中 Webhook 是由于数据超过了设定值而被触发的)。当触发条件满足后，源站点就向 Webhook 中设定的 URL 地址发送一个 HTTP 请求，因此，用户可以通过配置 Webhook 实现一个网站上的行为来调用另一个网站上的事件。常见的用法是触发带有集成系统的建筑或通知 bug 跟踪系统。而且使用 Webhook 的好处是，数据的交换是通过 HTTP 协议的，所以用户无需在整个网络体系结构中再增加新的基础设施。

在 Zapier 中，官方已经集成好 Webhook 的应用接口，如图 7.19 所示，这就大大简化了开发者的工作量，可以将主要的精力集中在产品的设计上。下面以一个植物土壤湿度传感器的实例来介绍 Webhook 的使用方法。

本实验的思路是使用一个土壤湿度传感器，并将其连接到 Xively 物联网云平台。然后设定一个缺水的阈值，如果小于该值会自动报警并将提醒邮件自动发给指定的用户。实现过程分为 3 步。

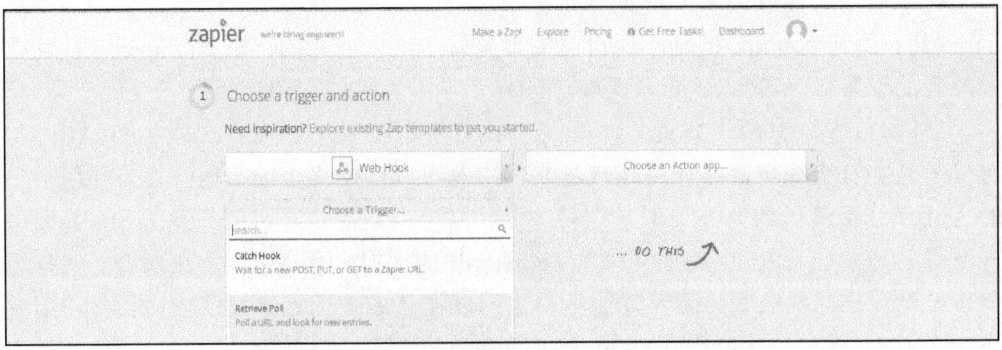

图 7.19 集成在 Zapier 中的 Webhook 应用

1. 创建一个 Zap

首先，登录 Zapier 的官网(www.zapier.com)，单击“Create a New Zap”。在如图 7.20 所示的页面中将触发应用选为“Web Hook”并在动作列表中选择“Catch Hook”，接着将执行应用选为“Email”并将动作选为“Send Outbound Email”。

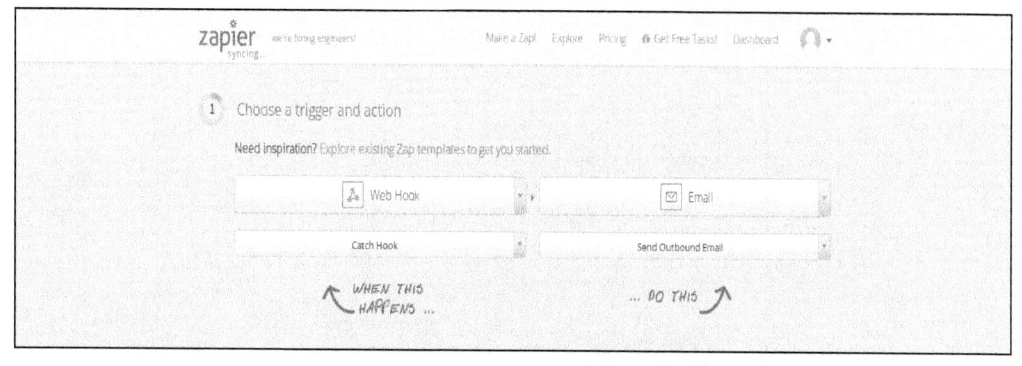

图 7.20　选择触发应用和执行应用

单击下一步，Zapier 会自动给出一个 URL，如图 7.21 所示，将这个 URL 复制，接下来进行 Xively 云平台端的设置。注意保持 Zapier 的页面不要关闭。

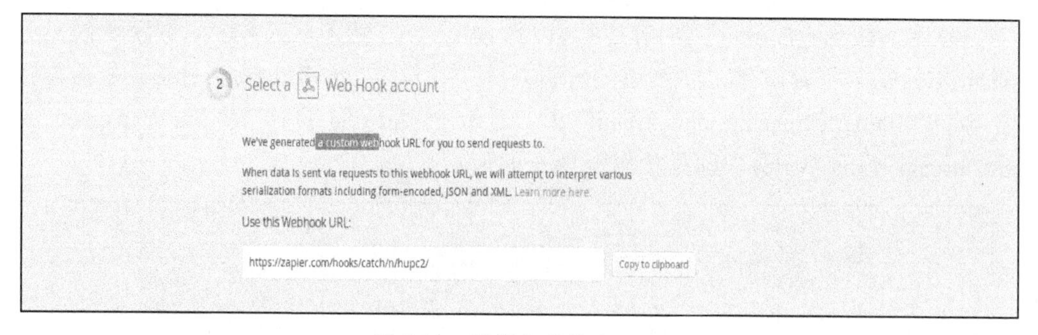

图 7.21　系统自动给出 URL

2. 设置 Xively 物联网云平台

首先，进入 Xively 云平台的设备管理控制台，在“Triggers”功能栏中选择“Add Trigger”。接着，在展开的设置界面中，将数据通道设为土壤湿度传感器的通道，将触发条件改为小于等于，值改为 360，并将上一步复制的 URL 粘贴到“HTTP POST URL”中，如图 7.22 所示。

3. 将 Xivley 连接到 Zapier

下面回到 Zapier 中，系统会提示用户设置需要发送的 E-mail 账户和一些关键词过滤机制等，填完后单击下一步，这时 Zapier 会处于等待接收消息状态，用户需要回到 Xively 中发送一个“Test Trigger”，这个数据流是 JSON 格式的，Zapier 收到后会自动解析，并将每个数据的 ID 提出来作为标题供用户识别。

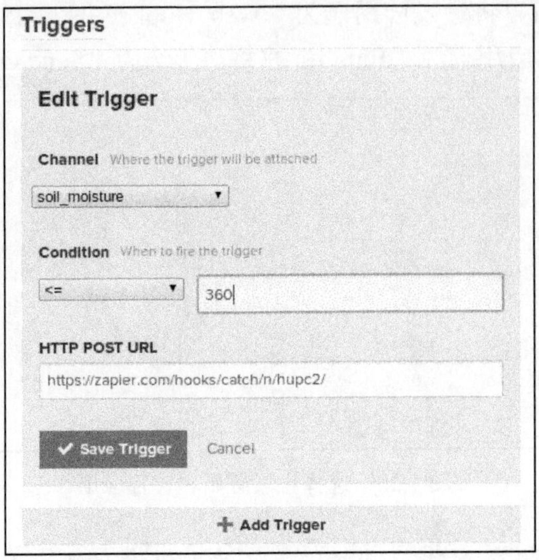

图 7.22　Xively 的触发器设置

最后，需要对 E-mail 的内容进行编写，如图 7.23 所示，正文中阴影区域的部分都是 Xively 云平台发过来字符串的解析，其中“body_environment_title”是指设备名称，“body_triggering_datastream_id”是数据通道的名称，“body_triggering_datastream_value_value”则是传感器现在的值。

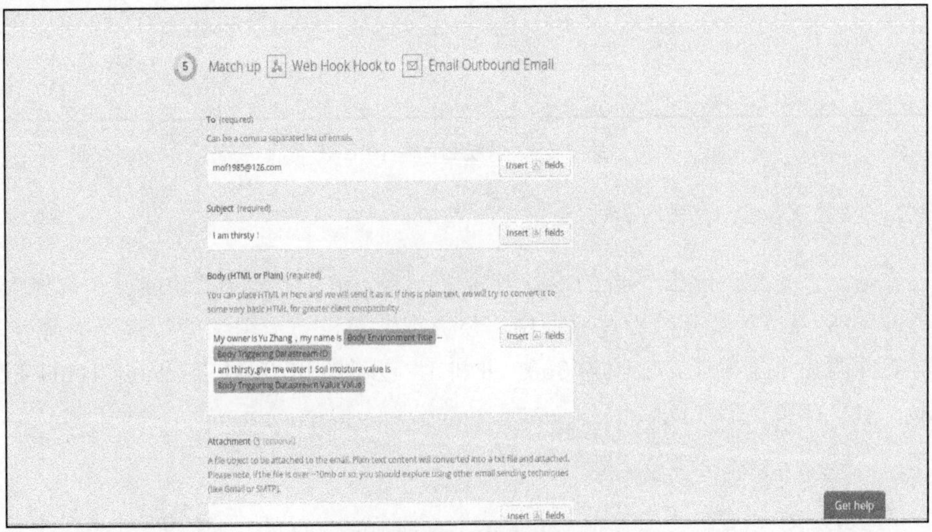

图 7.23　E-mail 提醒设置

编写完 E-mail 的格式后，单击“Turn Zap On”就可以完成这个 Zap 的制作了。

为了展示实验效果，将土壤湿度传感器插入一个花盆的土壤中，等待土壤的水分逐渐减少。当土壤湿度小于设定的 360 时，收到了一个自动发送的提醒邮件，如图 7.24 所示。

图 7.24　提醒邮件

7.3.3　添加自定义应用到 Zapier 中

7.3.2 节介绍了如何将 Xively 物联网云平台连接到 Zapier 并实现消息反馈。那么，如果开发者有自己的物联网应用平台，例如，开发者有一个使用手机监视和控制智能家电的 APP，而他又想将这个 APP 与 Zapier 上的 250 个应用互连，那么就需要在 Zapier 上手动注册一个应用，这对开发者的要求较高，而且需要开放自己 APP 的 API 来进行数据交换，整个过程比较复杂。下面对这个方法的流程进行简要介绍。

(1) 在 Zapier 的网站上方找到“Developers”选项，单击进入后再选择“Add New App”，进入如图 7.25 所示的页面。这里需要开发者填写新建应用的名称和描述，填好后单击“Save”。

(2) 需要对新创建的应用进行认证。这个步骤开发者需要选择并设置应用的授权类型、密码和令牌等。系统支持的授权类型包括基本授权、摘要授权、API Keys 授权和 OAuth，如图 7.26 所示。

基本授权：即要求用户提供最基本的用户名和密码即可。

摘要授权：基本授权的加强版，系统还会自动处理一个随机字符串。

API Keys 授权：Xively 云平台的授权方式，即提供给用户一个 API，这个 API 包含了不同的权限，包括只读、编辑、创建和删除。

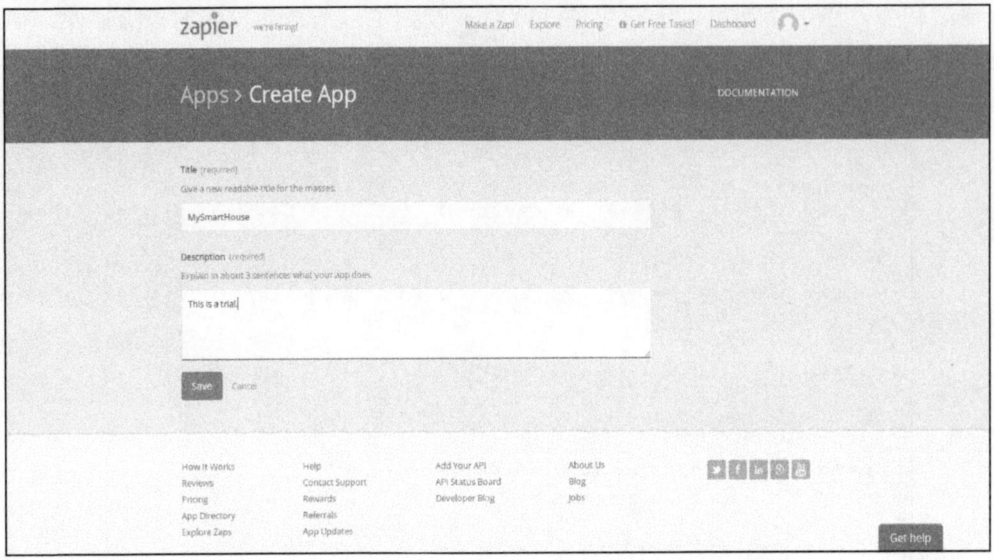

图 7.25　创建 APP

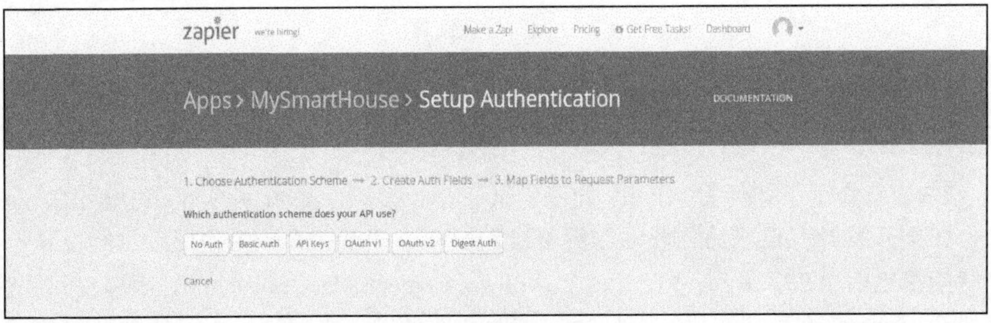

图 7.26　选择授权方式

OAuth V2：OAuth(开放授权)是一个开放标准，允许用户让第三方应用访问该用户在某一网站上存储的私密的资源(如照片、视频、联系人列表)，而无需将用户名和密码提供给第三方应用；OAuth V2 是 OAuth 的改进版本，简化了开发的难度，而且特别为 Web 应用、手机应用、桌面应用和智能设备提供了专门的认证流程。

开发者需要根据自己应用的授权方式选择合适的选项并进行设置。

(3) 设置数据触发方式。这个步骤其实是需要开发者设置自己的应用如何与 Zapier 交换数据的前半部分，即 7.3.2 节中触发应用选择下拉框中的事件。例如，添加了新联系人、收到一封新邮件或发生了一个新的事件等，然后 Zapier 会自动对用户 APP 进行监听，如果发现符合条件的数据则立即触发事件并获取所需数据，如图 7.27 所示。

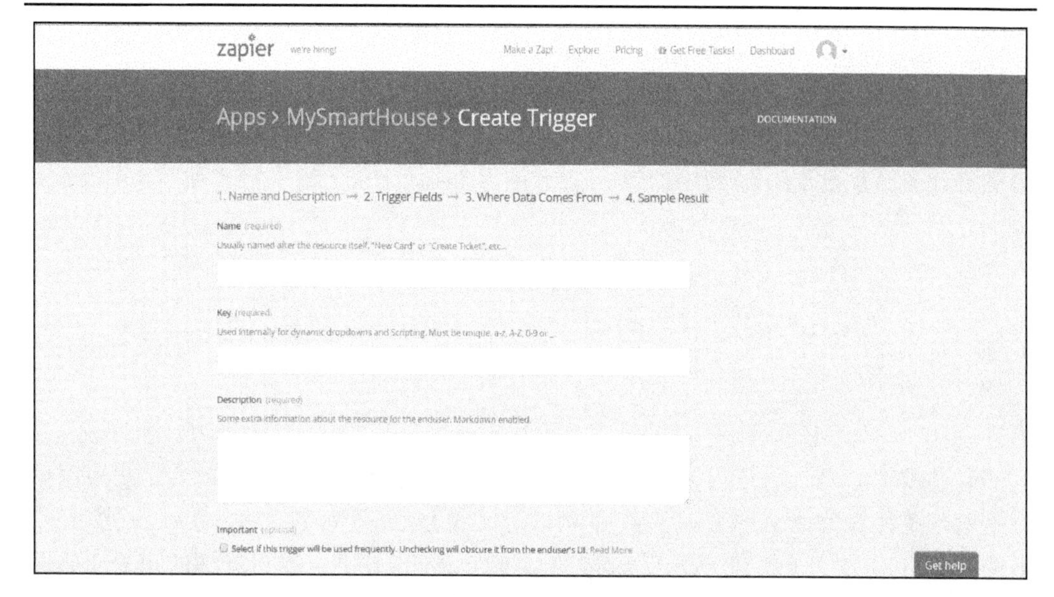

图 7.27　设置数据触发方式

(4) 设置执行动作。这个步骤其实是需要开发者设置自己的应用如何与 Zapier 交换数据的后半部分，即 7.3.2 节中执行应用选择下拉框中的事件。即当别的应用满足触发条件后，用户的应用该执行什么动作。例如，创建新任务、创建一条新信息或发布一个新事件等，如图 7.28 所示。

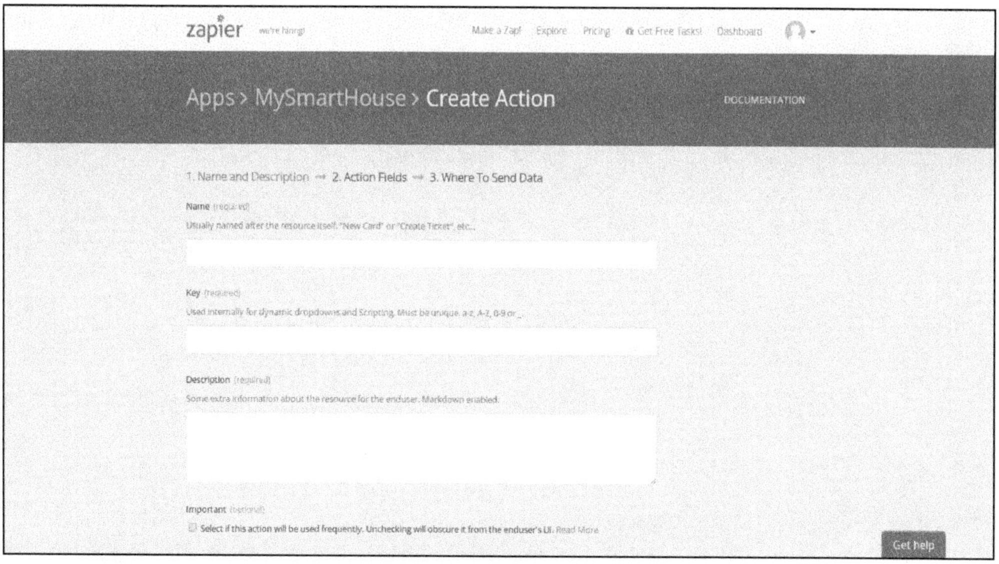

图 7.28　设置应用执行方式

(5)编写脚本。这个步骤允许开发者编写 Zap 的脚本，使得整个创建过程更加灵活，让开发者更能接近底层的功能模块并进行设置，同时，这个步骤也是最难的，建议初学者跳过这个步骤，以后可以再添加和修改。脚本的格式很简单，开发者只需要将代码添加到 Zap 函数中即可，语言使用 JavaScript。脚本格式如下。

```
var Zap={

  //to do your job


};
```

通过脚本编写，用户可以实现的功能包括：①设置专用的 HTTP 头；②根据用户的输入条件修改请求的 URL；③建立自定义的 URL 队列字符串，实现过滤功能；④将其他格式的字符串(如 XML)转化为标准的 JSON 格式；⑤将难懂的 JSON 数据转化为用户易于识别的信息(如 1000 转化为$10)。

(6)用户需要将自己的 APP 复制到 Zapier 网站，并设置这个应用的隐私性，包括只能自己使用、允许自己和好友使用以及允许所有人使用。然后这个应用就完成了，开发者可以将自己的应用与 Zapier 已有的 250 个应用连接起来。而且，在隐私性中如果选择了允许所有人使用，那么其他人就可以使用用户的 APP 创建 Zap，设想用户如果发布了一款智能设备和配套的应用，就有成千上万的开发者会将用户的设备与 Twitter、Facebook 或 Evernote 连接起来，实现用一条 Twitter 消息开关设备，将设备的状态自动发布在 Facebook 上，或每天自动将设备的状态记录在 Evernote 中。而要实现这一切只需要在 Zapier 上开放应用的 API。就如同官方网站所说的，1(应用)+1(整合到 Zapier 上)= 250+(250 个以上的使用方式)。

第 4 篇

移动平台+社交平台——微信

第 8 章 物联网与社交网络

通常来说，现在主流的物联网智能家居应用层的解决方案是开发一个移动终端的 APP，用户可以通过该 APP 实时地获取每个智能电器的状态，并通过 APP 提供的操作面板对它们进行控制。但是，目前市场的移动终端操作系统非常多，包括苹果公司的 iOS 操作系统，Google 的 Android 操作系统，国外比较流行的黑莓操作系统和强势反扑的 Win8 移动操作系统等。如果开发者想满足所有市场的需求，就至少需要发布 4 个不同的版本。这不但对开发团队要求较高，而且也费时费力，性价比较低。因此针对广大初学者和爱好者想轻松发布自己系统的需求，本书介绍一种使用微信作为应用层基础平台的开发方法，不但解决了跨平台的问题，而且提高了用户体验，即让用户用一种习惯的方式(发信息)与整个物联网智能家居系统进行交流。

本章重点

- 微信公众平台的使用
- 后台服务的架设
- Xively 物联网云平台与微信公众平台的数据连通

8.1 物联网为什么要结合社交网络

物联网在国外又叫做工业互联网，早在 2000 年左右就已经提出来并被业界认为是继互联网之后的又一次产业革命。但是十几年过去了，物联网革命并没有如人们想象般到来，而物联网作为一个概念一直没有落地。本书认为延缓物联网的发展的主要因素存在以下几点。

(1) 传感器和硬件中间件的成本过高，影响了物联网的普及。

(2) 数据的存储与数据交换没有统一的平台，数据格式不一致。

(3) 操作和监控系统复杂，对于普通用户门槛较高。

(4) 不符合人们的使用习惯，没有融入人们的生活中。

对于第一点，随着 Arduino 即相关开源硬件的普及和生产自动化程度的提高，硬件的成本问题已经基本解决。现在如果一次量产 10000 个以上个普通精度的传感器，单个传感器的成本只有几分钱，而作为中间件的 Arduino 系列最低成本也只有几元人民币。

第二点则随着 Xively 等物联网云平台的出现逐渐解决，未来的物联网云平台的发展趋势将是几个大的公司统一云平台的数据标准，并对用户提供统一的接口，所以数据格式与平台统一性问题也会逐渐解决。

随着手机的普及，特别是 Android 系统和苹果手机逐渐占领移动市场后，智能手机大行其道，手机可以完成以前只有 PC 或服务器才能完成的工作，再加上手机的便携特性，似乎将物联网的应用搬上手机已经是一个大趋势。现在市面上的移动操作系统种类逐渐明朗化，国内用户以 Android 系统和 iOS 系统为主，还有少部分的 Win8 手机和诺基亚用户，国外则还有一定比例的黑莓手机用户。那么，有没有什么方法能让开发者开发一次，就可以在所有的操作系统中发布呢？这里将这个问题暂时放一放，先看第四点。

物联网之所以一直概念没有落地，很大一部分原因是它的操作不便捷，不符合人们的使用习惯。例如，现在主流的智能家居的运行模式：先要求用户额外安装该厂家开发的 APP，设备通过家里的路由器上网，然后运行 APP 对设备进行配对，设备就可以远程发送消息，用户也可以通过这个专用的 APP 控制该设备。但是，这种模式的弊端在于，如果用户的智能洗衣机是 A 厂家的，智能冰箱是 B 厂家的，智能电视是 C 厂家的，那么用户就需要安装 3 个不同的 APP，就好像在茶几上放了 3 个遥控器从而分不清楚哪个遥控器对应哪个电器。而且人们习惯与电器进行交流而不是操作它们，如果直接发短信问电视机 CCTV-5 频道什么时候播放 NBA，电视回复本周三早上 9:00，这种方式比上网查或者将电视调到 CCTV-5 频道再查看节目表使用起来更加舒服。

将物联网和社交网络结合可以一次性解决上述的第三点和第四点。首先，现在流行的社交网络平台(国外的如 Facebook、Twitter，国内的如微博、微信等)都有不同平台的应用版本，如果开发者在这些社交工具上开发，就根本无需考虑跨平台问题；其次，这些社交工具具备强大的社交功能，可以自由地发送消息，添加朋友和发表状态(心情)，开发者需要做的只是将智能设备作为一个普通的个体放入这个平台即可，而无需考虑社交相关的问题。因此，本书认为，使用社交应用来连接物联网的智能设备是第三次信息产业革命的引爆点。本章将以微信作为实验的社交工具平台来使用，并详细介绍如何使用微信来监控用户的智能家居。

8.2　微信公众平台简介

在介绍微信公众平台前，先简要地对微信进行介绍。微信是腾讯公司于 2011 年 1 月 21 日推出的一款通过网络快速发送语音短信、视频、图片和文字，支持多人群聊的手机聊天软件。除了聊天功能，它还有一个重要的社交因素——发布心情，用户可以将照片、心情等发到朋友圈，与好友互动。

微信公众平台是腾讯公司在微信的基础上新增的功能模块，通过这一平台，个人和企业都可以打造一个微信的公众号，并实现和特定群体的文字、图片、语音的全方位沟通、互动。微信公众平台的官方宣传是：再小的个体，也有自己的品牌。

因为微信公众平台的优势在于其跨平台性、微信用户的真实性和用户使用的方便性，所以我们选择使用微信作为社交网络的平台。

(1) 跨平台性。开发者只需要开发一次，就可以在 Android 系统和 iOS 系统中通用，甚至可以在桌面系统中使用。开发者无需考虑为不同操作系统开发不同应用的问题。可以说只要是微信支持的系统，开发者的应用就可以支持。

(2) 微信用户的真实性。微信从一诞生就拥有真实的基因，一开始就严格限定与手机号绑定。微信可以说是中国最严谨的实名认证社交平台。无论微博，还是早一点的人人网、开心网都根本无法与之相比。正因为如此才可以使用微信来结合物联网的智能产品，可以给真实的用户提供产品的密钥、序列号等信息，方便用户通过微信平台在物联网云平台通过身份认证，从而可以与智能设备进行数据交换。

(3) 用户使用的方便性。方便性体现在两方面，一方面是安装方便，用户无需再安装一个新的 APP，无需下载任何额外的程序，而只需要扫描一个二维码即可添加公众平台；另一方面是操作方便，用户无需通过操作手册、说明书等了解如何控制设备，而只需要用最自然的方式和设备沟通，如在智能空调的公众号中，用户只需发信息“调低温度”或准确地告诉空调“调到 28 度”，甚至可以用语音去传达命令。

关于公众平台，可以理解为每个开发者专属的物联网应用程序。微信公众平台为物联网的开发者提供了一个创建自己社交平台的机会，通过这个平台，开发人员可以将自己开发的智能设备快速展示到用户面前，并允许用户通过平台对设备进行操作、状态查看和获取传感器数据等。

其实，国内著名的家电品牌海尔已经实现了一些初级的功能，下面先简要介绍海尔的微信智能冰箱，让读者对物联网和社交网络的结合有一个明确的概念。

首先在微信中关注“海尔智能冰箱”的公众号，成功后进入该公众号，如图 8.1 所示，可以看到云控制的菜单，其中包括远程控制、文字指令、健康卫士和运行日志。

选择远程控制，系统就会提示输入用户名和密码，如图 8.2 所示。

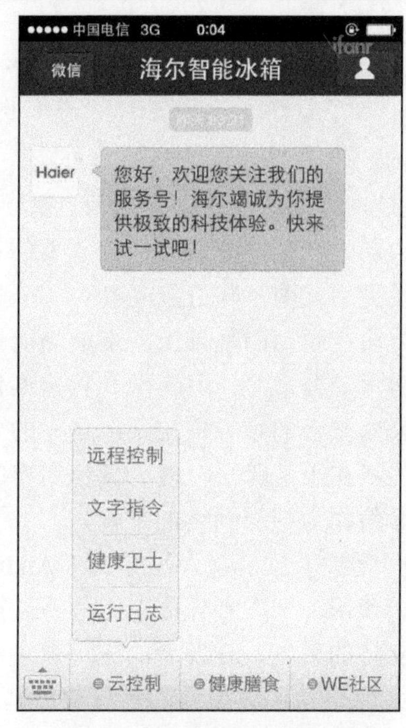

图 8.1 海尔智能冰箱公众号

图 8.2 输入用户名和密码

接下来，海尔的云平台就会根据用户提供的设备号获取冰箱的状态，并反馈给用户如图 8.3 所示的界面。在该页面用户可以自由调节冰箱冷冻和冷藏的温度，并可以进行一些智能开关的操作。

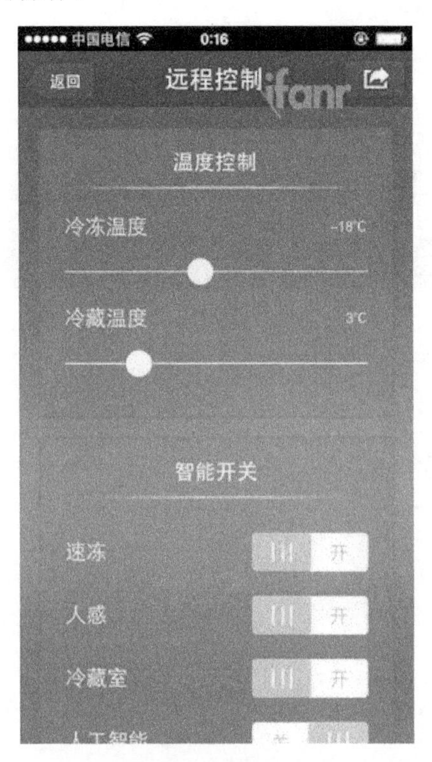

图 8.3　远程控制界面

海尔虽然实现了使用微信公众平台查看并操作智能设备，但是操作方式依旧如同遥控器般，没有使用自然的交互方式，没有发挥出微信作为一个社交平台的威力。8.3 节将逐步地教读者自己打造一个使用自然方式交互的物联网智能微信公众平台。

8.3　物联网与微信平台的结合

8.3.1　注册微信公众账号

接下来简单介绍如何注册并使用微信公众平台。

(1) 首先登录 http://mp.weixin.qq.com，在右上角单击“立即注册”按钮就可以开始注册，如图 8.4 所示。

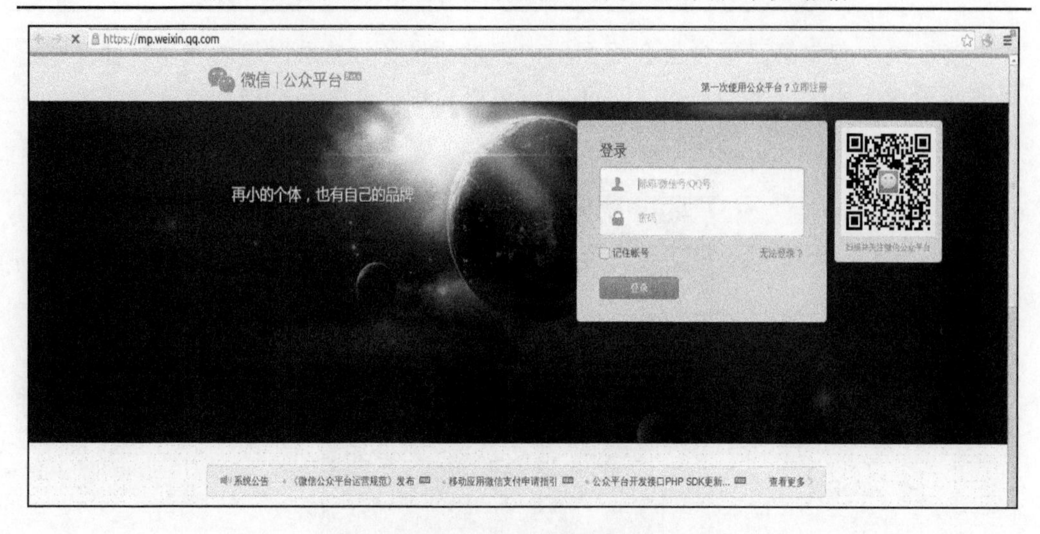

图 8.4　进入注册页面

(2) 填写邮箱、密码等信息进行注册，注册页面如图 8.5 所示。

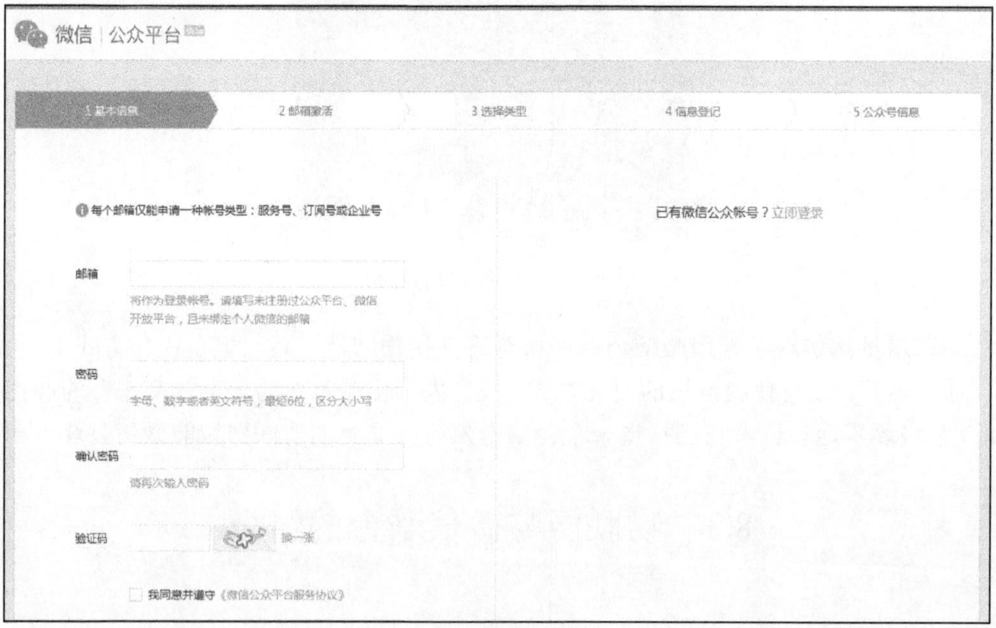

图 8.5　注册页面

(3) 登录邮箱找到微信官方发送的确认邮件，并单击链接进行激活操作，如图 8.6 所示。

(4) 登记真实用户信息，一般都要提供身份证与本人照片，根据页面的要求仔细填写。登记信息填写完成之后，单击页面中的“继续”，如图 8.7 所示。

图 8.6　邮件激活

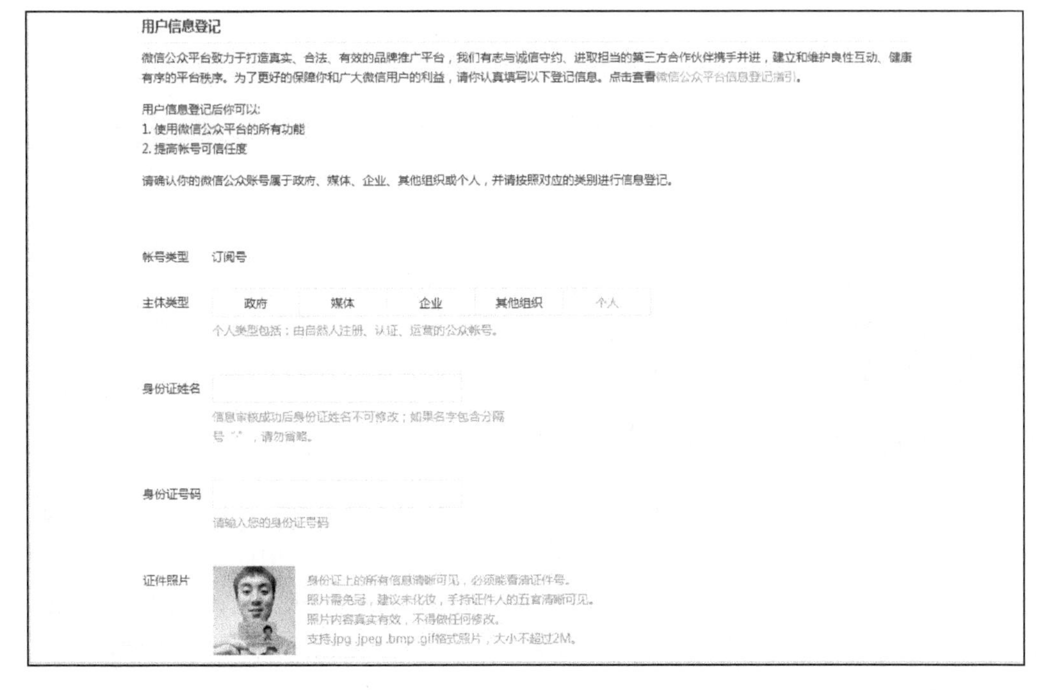

图 8.7　登记真实用户信息

(5) 输入微信公众平台账号的名称、功能介绍、选择运营的区域、语言和类型以后，单击“提交”，如图 8.8 所示。

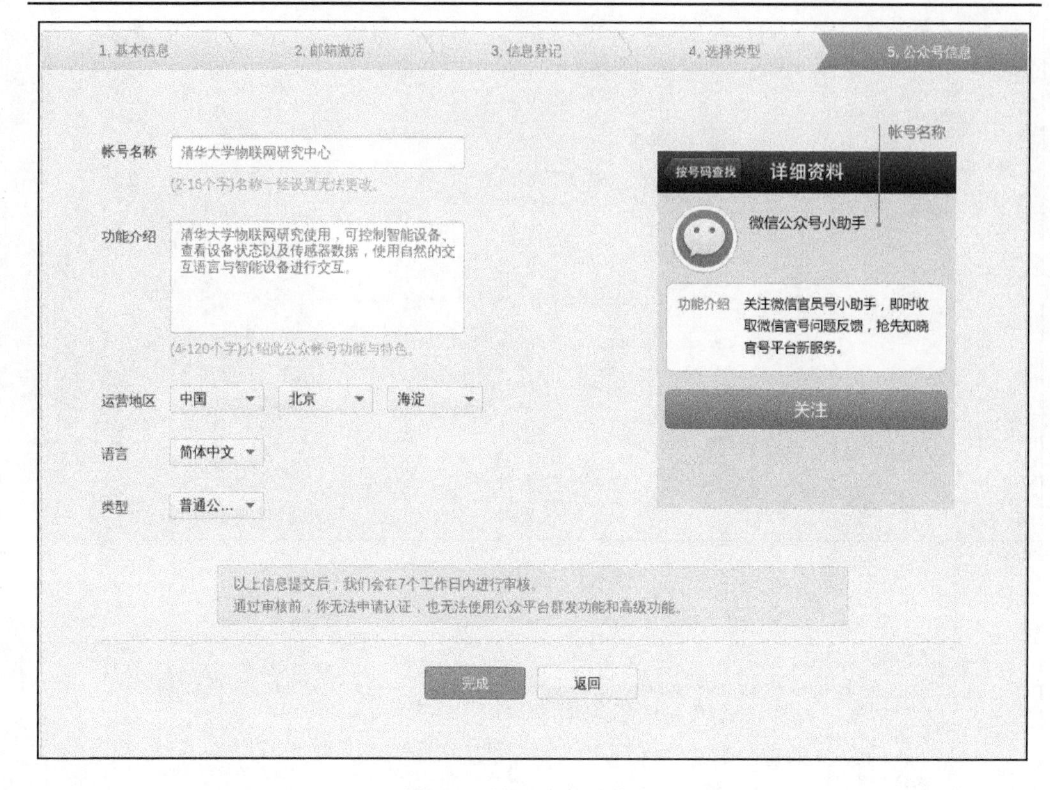

图 8.8　输入公众号信息

完成以上步骤后，公众平台就可以登录并使用了，但是微信团队还要对公众号进行审核，时间大概在 7 个工作日以内，在这期间，无法使用公众号的高级功能。审核通过后，就可以自由使用公众号中的高级功能进行开发了，8.3.2 节将详细介绍如何通过微信公众平台的开发模式实现智能设备的监控。

8.3.2　使用新浪应用引擎搭建服务器

在使用微信公众平台前，用户需要了解一个概念，就是公众平台的开发模式使用的语言是 PHP，使用的方式是通过网络服务器来调用数据。因此需要一个服务器来上传代码，目前国内免费的服务器有百度的 BAE(Baidu App Engine)和新浪的 SAE(Sina App Engine)，国外的有 Heroku 和 Amazon 等，这里为了演示方便，使用新浪 SAE 作为服务器。

SAE 是新浪研发中心发布的国内首个公有云计算平台，是分布式 Web 服务的开发、运行平台。在新浪 SAE 上，可以免费搭建网站，开发应用程序和使用开放源码的版本控制工具 SVN 部署代码。付费方式是新浪官方推出的货币云豆，它可以通过注册、分享和实名注册等动作获得。下面简要介绍一下如何在 SAE 上搭建服务器。

(1) 在浏览器中输入http://sae.sina.com.cn，进入新浪开发者中心，如图 8.9所示。这里需要用户首先注册一个百度的账号。

图 8.9　新浪开发者中心首页

(2) 单击页面右上方的“注册”进入开发者注册页面，如图 8.10 所示。

请如实填写以下信息：（联系电话选填）

微博帐号　LeisurePoison

当前登录帐号：查看帐号，如果要更换帐号请先注销登录。

真实姓名　请输入您的真实姓名　请填写必填项

安全邮箱　请输入您的靠谱邮箱

安全密码　请输入您的安全密码

确认密码　请再次输入您的安全密码

部署代码时需要输入安全密码

绑定手机　请输入您的手机号码

一个手机号只能注册一个帐号

联系电话　联系电话(选填)

验证码　获取验证码

启用微盾　微盾说明

关注SAE官方微博以获得服务通知信息

接受SAE服务协议和SAE服务等级协议 阅读协议

下一步

图 8.10　开发者注册页面

(3) 填写好相关信息后，单击“下一步”按钮，进入管理中心页面，如图 8.11 所示。

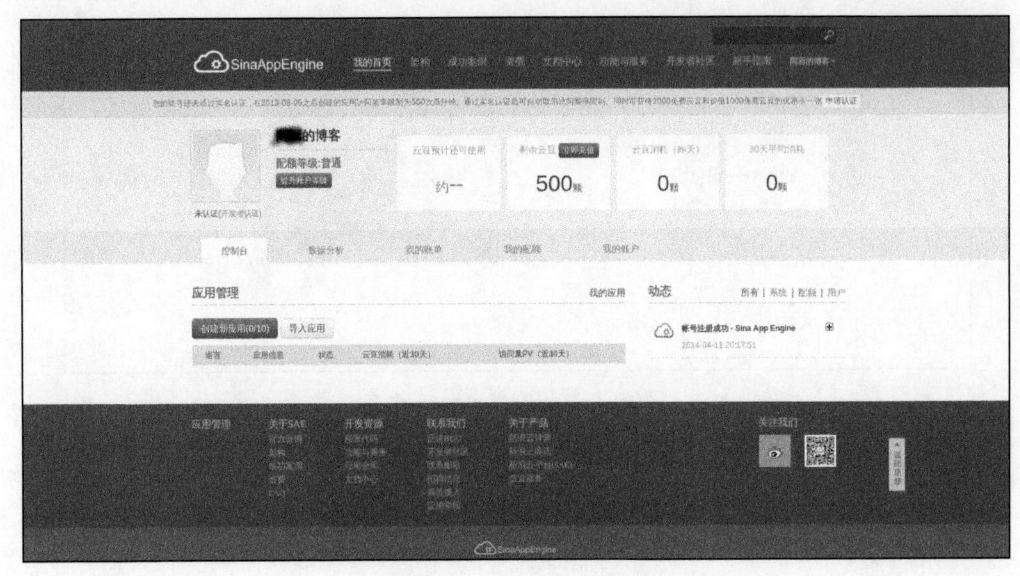

图 8.11　管理中心页面

(4) 这时开发者可以单击屏幕中下方的“创建新应用”按钮。SAE 可以免费创建 10 个应用。创建后出现如图 8.12 所示的页面。

创建应用

创建新应用　选择开发框架　不懂技术？一键安装云商店热门应用

*二级域名（AppID）　二级域名 (App ID) .sinaapp.com

仅允许由数字，字母组成，长度为4到18位。唯一标识，也是二级域名前缀，创建后不可修改。

*应用名称　应用名称

应用的中文名称，供显示用。

*验证码

应用描述

开发语言　php　python　Java

应用创建后，开发语言不可修改

应用类型　web应用　移动应用

创建应用

图 8.12　应用创建页面

(5)这里填写的二级域名需要记好，稍后在申请微信公众平台开发者资格时需要使用。开发语言选择 PHP，然后单击“创建应用”按钮，如图 8.13 所示。

图 8.13　应用代码管理页面

(6)在左侧列表中找到代码管理选项并单击进入，如图 8.14 所示。在页面上方找到“上传您的代码”超链接，单击上传代码。

图 8.14　上传代码

(7)代码是将要开发的微信公众平台的 PHP 工程源码。但是现在还没有开发，所以可以先上传一个示例 PHP 代码。首先，用户在导航栏输入网址 http://mp.weixin.qq.com/wiki，在左侧列表中选择“接入指南”，接着在页面的最底部可以找到“PHP 示例代码下载：下载”，如图 8.15 所示，单击“下载”即可得到一个 PHP 文件的压缩包，这就是要找的示例 PHP 代码。

```
        $token=TOKEN;
        $tmpArr=array($token, $timestamp, $nonce);
        sort($tmpArr, SORT_STRING);
        $tmpStr=implode( $tmpArr );
        $tmpStr=sha1( $tmpStr );

        if( $tmpStr==$signature ){
                return true;
        }else{
                return false;
        }
    }
```

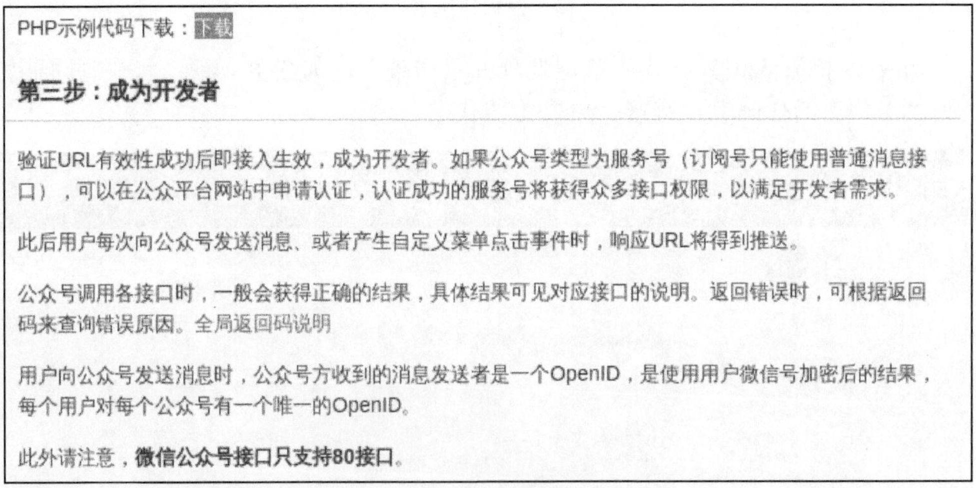

PHP示例代码下载：下载

第三步：成为开发者

验证URL有效性成功后即接入生效，成为开发者。如果公众号类型为服务号（订阅号只能使用普通消息接口），可以在公众平台网站中申请认证，认证成功的服务号将获得众多接口权限，以满足开发者需求。

此后用户每次向公众号发送消息、或者产生自定义菜单点击事件时，响应URL将得到推送。

公众号调用各接口时，一般会获得正确的结果，具体结果可见对应接口的说明。返回错误时，可根据返回码来查询错误原因。全局返回码说明

用户向公众号发送消息时，公众号方收到的消息发送者是一个OpenID，是使用用户微信号加密后的结果，每个用户对每个公众号有一个唯一的OpenID。

此外请注意，**微信公众号接口只支持80接口。**

图 8.15　下载示例代码

(8)最后将准备好的代码 ZIP 包直接上传到 SAE，成功后如图 8.16 所示。

到这里，实验用的服务器就已经假设成功了，相当于申请了一个远程的存放代码的服务器。8.3.3 节将详细介绍如何使用 PHP 编程连接微信公众平台和 Xively 物联网云平台。

图 8.16　代码管理页面

8.3.3　连接微信公众平台与 Xively 云平台

开发者需要通过公众平台的开发模式连接微信公众平台与 Xively 物联网云平台。如图 8.17 所示，在微信公众平台界面，单击进入“高级功能”，该功能只支持一种模式，所以需要关闭编辑模式，打开开发模式。

图 8.17　高级功能

接下来单击开发模式，进入如图 8.18 所示的界面，单击“成为开发者”按钮，进入接口配置界面。

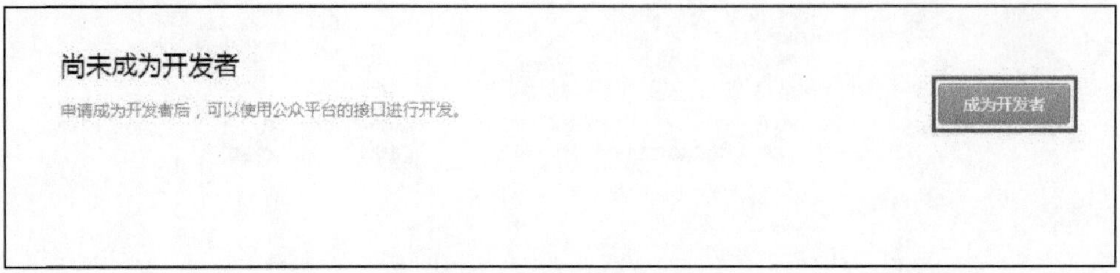

尚未成为开发者

申请成为开发者后，可以使用公众平台的接口进行开发。

成为开发者

图 8.18　成为开发者界面

在接口配置页面(见图 8.19)，可以填入 8.3.2 节在 SAE 上申请的 URL，再在后面加上“/wx_sample.php”，Token 填写“weixin”。Token 其实就有一个口令，细心的用户可能会发现在微信官方网站上下载的示例 PHP 文件中也有“define("TOKEN", "weixin")”的语句，所以只要保证两个 Token 一致即可。

微信 | 公众平台 Beta　　通知 | 退出

首页　实时消息　用户管理　群发消息　素材管理　设置　高级功能

高级功能 > 开发模式 > 接口配置信息

接口配置信息

请填写接口配置信息，此信息需要你拥有自己的服务器资源。填写的URL需要正确响应微信发送的Token验证，请阅读消息接口使用指南

URL

Token

什么是Token？

提交

图 8.19　接口配置页面

填写完成后，单击“提交”按钮，如果顺利，系统会提示开发者注册成功，如图 8.20 所示。

接下来就需要从 Xively 云平台的官方网站上下载 PHP 的接口包，地址为 https://github.com/xively/xively-php，用户需要先将压缩包下载下来，但不用解压，回到 SAE 的代码管理页面(见图 8.16)，单击右侧操作下拉菜单中的“上传代码包”。完成后再选择编辑代码，代码编辑页面如图 8.21 所示。

图 8.20　成功成为微信开发者

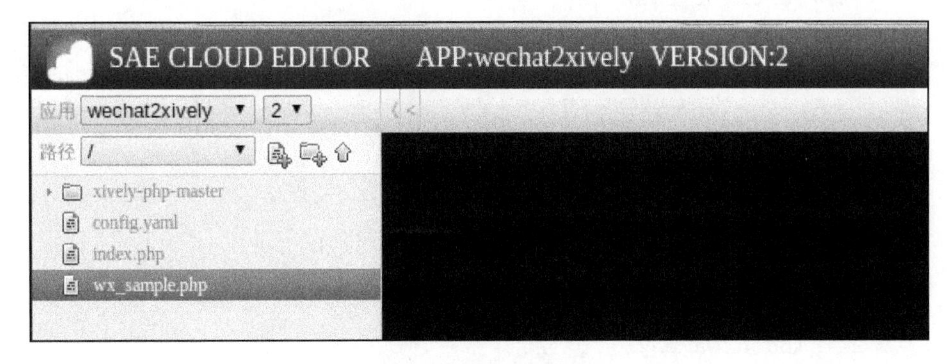

图 8.21　代码编辑页面

左侧列表中的“wx_sample.php”就是第一次上传的微信公众平台的示例代码，“xively-php-master”文件夹则是刚上传的 Xively 的代码包。

下面，先双击打开“wx_sample.php”，将所有代码复制；接着打开“xively-php-master”文件夹找到 index.php，将所有代码复制进去。注意不要复制开头的“<?php”和最后的“?>”。然后再进行一次验证，如图 8.19 所示，但是这次输入的 URL 应该将“/wx_sample.php”替换为“/xively-php-master/index.php”，即 Xively 代码包所在的目录。

这里，简要介绍一下微信公众平台示例代码中的函数作用和需要使用哪些函数。首先列出“wx_sample.php”的代码，为了让读者容易阅读，将本实验不涉及的函数中间用省略号显示。

```
(1) <?php
(2) /** * wechat php test */
(3) //define your token define("TOKEN", "weixin");
(4) $wechatObj=new wechatCallbackapiTest();
(5) $wechatObj->valid();
(6) class wechatCallbackapiTest {
(7) public function valid()
(8) {
(9) $echoStr=$_GET["echostr"];
(10)...
(11)}
(12)public function responseMsg()
(13){
(14)//get post data, May be due to the different environments
(15)$postStr=$GLOBALS["HTTP_RAW_POST_DATA"];
(16)//extract post data
(17)if (!empty($postStr)){
(18)$postObj = simplexml_load_string($postStr,'SimpleXMLElement',
    LIBXML_NOCDATA);
(19)$fromUsername=$postObj->FromUserName;
(20)$toUsername=$postObj->ToUserName;
(21)$keyword=trim($postObj->Content);
(22)$time=time();
(23)$textTpl="<xml>
(24)<ToUserName><![CDATA[%s]]></ToUserName>
(25)<FromUserName><![CDATA[%s]]></FromUserName>
(26)<CreateTime>%s</CreateTime>
(27)<MsgType><![CDATA[%s]]></MsgType>
(28 <Content><![CDATA[%s]]></Content>
(29)<FuncFlag>0</FuncFlag>
```

```
(30)</xml>";
(31)if(!empty( $keyword )){
(32)$msgType="text";
(33)$contentStr="Welcome to wechat world!";
(34)$resultStr=sprintf($textTpl, $fromUsername, $toUsername, $time,
    $msgType, $contentStr);
(35)echo $resultStr;
(36)}
(37)else{
(38)echo "Input something…";
(39)}
(40)}
(41)else
(42){
(43)echo "";
(44)exit;
(45)}
(46)}
(47)
(48)private function checkSignature()
(49){
(50)…
(51)}
(52)}
(53)?>
```

首先对象变量$wechatObj 将类 wechatCallbackapiTest 实例化，接着调用了叫做 valid 的函数，这些步骤都是为了验证用户在输入图 8.19 中的 URL 后的消息反馈功能。再往下都是类 wechatCallbackapiTest 和相关函数的定义。

细心的读者可能会发现，代码没有调用函数 responseMsg，这个函数其实就是给微信公众平台发送消息时的反馈设置，第 31～36 行的功能就是如果用户输入有文字，就返回提前设定的"Welcome to wechat world!"字符串给用户。实验其实就是要让用户通过自然的语言、文字来请求查看传感器的状态或控制智能设备，因此随后的操作都是在这部分中进行的。下面先将框架搭建起来，给出核心代码如下。

```
(1) if(!empty( $keyword ))
(2) {
(3) $msgType="text";
```

```
(4) if($keyword=="传感器")
(5) {
(6) $contentStr="土壤湿度传感器现在的湿度是：";
(7) }
(8) elseif($keyword=="开灯")
(9) {
(10)if($statue=="0")
(11){
(12)$contentStr="好的，灯已经打开。";
(13)}
(14)elseif($statue=="1")
(15){
(16)$contentStr="灯是开着的。";
(17)}
(18)else
(19){
(20)$contentStr="状态错误";
(21)}
(22)}
(23)elseif($keyword=="关灯")
(24){
(25)if($statue=="1")
(26){
(27)$contentStr="好的，灯已经关了。";
(28)}
(29)elseif($statue=="0")
(30){
(31)$contentStr="灯是关着的。";
(32)}
(33)else
(34){
(35)$contentStr="状态错误";
(36)}
(37)}
(38)else
(39){
(40)$contentStr="Welcome to Tsinghua Internet of things world!
    欢迎！您可以尝试的关键词包括：传感器、开灯、关灯";
(41)}
```

```
(42) $resultStr=sprintf($textTpl, $fromUsername, $toUsername, $time,
    $msgType, $contentStr);
(43) echo $resultStr;
(44) }
```

新添加的代码都是在函数 responseMsg 中的，目的是让系统对更多的关键词有反应。第(4)～(7)行，让系统识别关键词“传感器”，即当用户输入“传感器”时，系统会自动返回“土壤湿度传感器现在的湿度是:”，现在还没有连接到物联网云平台，所以没有返回数值。第(8)～(37)行是让系统对关键词“开灯”和“关灯”作出反应，如果在开灯时发现灯的状态是开着的，就返回“灯是开着的。”，如果检测到灯的状态是关着的，就返回“好的，灯已经打开。”，这里将要添加一个开灯的操作，关灯命令和开灯刚好相反，这里就不再赘述了。第(40)行是不管用户输入什么内容，都返回“Welcome to Tsinghua Internet of things world! 欢迎！您可以尝试的关键词包括：传感器、开灯、关灯”，为用户提供说明和帮助。

下面，就需要连接到 Xively 的物联网云平台了，还是先给出核心代码。

```
(1)  require_once(' vendors/com.rapiddigitalllc/xively/api.php' );
(2)  class xivelytest{
(3)  public function getData($datastream=NULL)
(4)  {
(5)  $xi=\Xively\Api::forge("hmMKT2C7VpjLTezlfAieRNMGu81RM8x9O
     wRHWXN6xxxx");
(6)  $r=$xi->json()->feeds(' 115642xxxx' )->datastreams($datastream)
     ->range(array(' start' =>date(' c' , strtotime(' -2days' )), '
     end' => date(' c' , strtotime(' -1 hour' )), ' time_unit' =>'
     hours' , ))->get();
(7)  $myjson=json_encode($r);
(8)  //将 JSON 格式数据进行解码，解码后不是 JSON 数据格式，不可用 echo 直接
     输出
(9)  $obj=json_decode($myjson);
(10) return (string) $obj->current_value;
(11) }
(12) public function writeData($datastream=NULL, $myvalue=0)
(13) {
(14) $xi=\Xively\Api::forge("hmMKT2C7VpjLTezlfAieRNMGu81RM8x
     9OwRHWXN6xxxx");
(15) $xi->json()->feeds('115642xxxx')->datastreams($datastream)
     ->update(array('version'=>'1.0.0', 'datastreams'=> array
     (array('id'=>$datastream, 'datapoints'=>array(array('at'=>
```

```
    date('c'), 'value'=>$myvalue), ), ), ), ))->get();
(16) }
(17) }
```

第(1)行是先给出 API 文件的路径，对云平台的所有操作都需要调用该 API，具体 API 的内容非常丰富，有兴趣的读者可以自行查看。第(2)行开始，定义了一个类 xivelytest，用于从云平台获取数据或向云平台写数据。其中函数 getData 的功能是从云平台获取数据，参数$datastream 是用户可以自定义的数据类型，可以是土壤湿度或灯的状态参数。第(5)行先将设备的 API 发送给云平台，从而获取许可权；第(6)行就是从云平台中读取数据的语句，接着将获取到的数据进行转码并输出。函数 writeData 与函数 getData 作用刚好相反，是将数据写到云平台上，参数$datastream 是用户可以自定义的数据类型，参数$myvalue 是用户给的值。

下面，将这些函数完善到刚才的框架中，先给出核心代码。

```
(1) $xivelyObj=new xivelytest();
(2) if(!empty($keyword))
(3) {
(4) $msgType="text";
(5) if($keyword=="传感器")
(6) {
(7) $Str=(string)$xivelyObj->getData('soil_moisture');
(8) $contentStr="土壤湿度传感器现在的湿度是：$Str";
(9) }
(10)elseif($keyword=="开灯")
(11){
(12)$statue=(string)$xivelyObj->getData('LED_light');
(13)if($statue=="0")
(14){
(15)$xivelyObj->writeData('LED_light', $myvalue=1) ;
(16)$contentStr="好的，灯已经打开。";
(17)}
(18)elseif($statue=="1")
(19){
(20)$contentStr="灯是开着的。";
(21)}
(22)else{
(23)$contentStr="状态错误";
(24)}
```

```
(25) }
(26) elseif($keyword=="关灯")
(27) {
(28) $statue=(string)
(29) $xivelyObj->getData('LED_light');
(30) if($statue=="1")
(31) {
(32) $xivelyObj->writeData('LED_light', $myvalue=0) ;
(33) $contentStr="好的，灯已经关了。";
(34) }
(35) elseif($statue=="0")
(36) {
(37) $contentStr="灯是关着的。";
(38) }
(39) else{
(40) $contentStr="状态错误";
(41) }
(42) }
(43) else{
(44) $contentStr="Welcome to Tsinghua Internet of things world!
     欢迎！\n 您可以尝试的关键词包括：传感器、开灯、关灯";
(45) }
(46) $resultStr=sprintf($textTpl, $fromUsername, $toUsername, $time,
     $msgType, $contentStr);
(47) echo $resultStr;
(48) }
```

首先实用对象变量$xivelyObj 实例化了类 xivelytest。添加了第(7)行的函数，用来获取土壤湿度传感器现在的值，第(8)行将用户设定的语句与传感器的值一并输出。添加了(12)行的代码，用来获取灯现在的状态，0 是关闭，1 是打开，如果判断灯确实是关闭的，则执行第(15)行的语句，打开灯，并返回消息。关灯添加的操作与开灯刚好相反，即将灯的数据值改为 0。

最后看一下实现的效果图，图 8.22 是当用户输入非关键词指令时系统的反馈，图 8.23 是当用户输入关键词“传感器”时系统的反馈，图 8.24 是当用户输入关键词“开灯”和“关灯”时系统的反馈，图 8.25 是 Xively 云平台数据通道的状态和值。

图 8.22　当用户输入非关键词指令

图 8.23　当用户输入关键词“传感器”

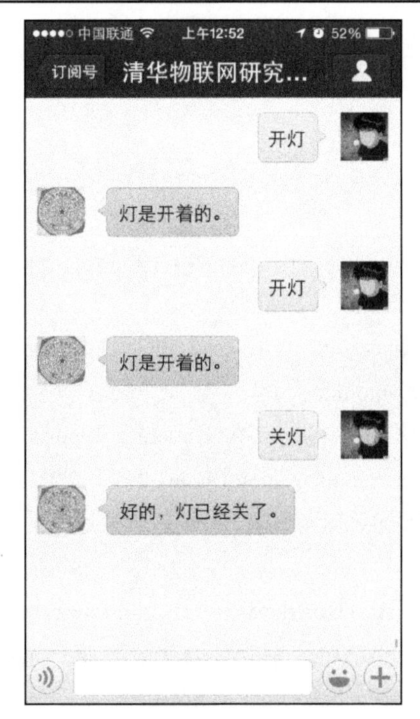

图 8.24　当用户输入关键词“开灯”和“关灯”

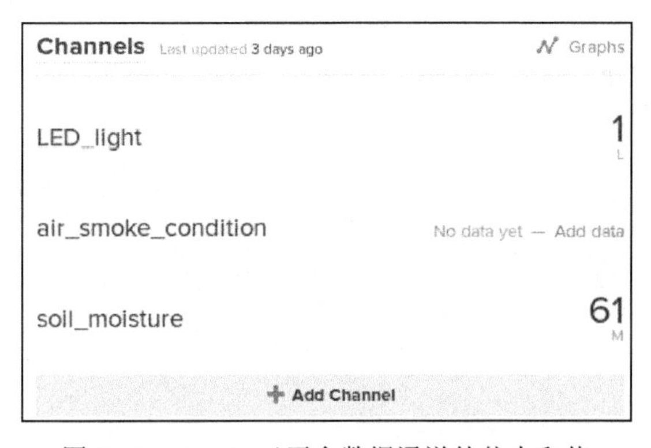

图 8.25　Xively 云平台数据通道的状态和值

参 考 文 献

[1] Atzori L，Lera A， Morabito G. The Internet of things: a survey. Computer Networks, 2010, 54(15): 2787-2805.

[2] Gates B，Myhrvold N，Rinearson P. The Road Ahead. London: Penguin Books, 1995.

[3] Auto-ID Labs. http://www.autoidlabs.org.

[4] ITU St rategy and Policy Unit（SPU）. ITU Internet Reports 2005 : The Internet of Things. Geneva : International Tele-communication Union(ITU)，2005.

[5] 中国政府网. 十一届人大三次会议开幕. 温家宝作政府工作报告. http://www.gov.cn/2010lh/content_1548053.htm.

[6] Miao W，Lu T，Ling F. Research on the architecture of Internet of things //Proceedings of the 3rd International Conference on Advanced Computer Theory and Engineering, 2010: 20-22.

[7] 互动百科. Arduino. http://www.baike.com/wiki/Arduino.

[8] Lindsay J. Web hooks to revolutionize the web. http://progrium.com/blog/2007/05/03/web-hooks-to-revolutionize-the-web.